总顾问　戴琼海

总主编　陈俊龙

谭明奎 ◎ 主编

SPM 南方传媒 | 广东科技出版社
全国优秀出版社
· 广州 ·

图书在版编目（CIP）数据

机器视觉 / 谭明奎主编. —广州：广东科技出版社，2023.3（2024.9重印）
（口袋里的人工智能）
ISBN 978-7-5359-8021-2

Ⅰ. ①机… Ⅱ. ①谭… Ⅲ. ①计算机视觉—普及读物 Ⅳ. ①TP302.7

中国版本图书馆CIP数据核字（2022）第218144号

机器视觉

Jiqi Shijue

出 版 人：严奉强
选题策划：严奉强　谢志远　刘　耕
项目统筹：刘晋君
责任编辑：刘锦业
封面设计：飛鳥魚設計 FLYING BIRD & FISH DESIGN
插　　图：徐晓琪
责任校对：李云柯　廖婷婷
责任印制：彭海波
出版发行：广东科技出版社
（广州市环市东路水荫路11号　邮政编码：510075）
销售热线：020-37607413
https://www.gdstp.com.cn
E-mail：gdkjbw@nfcb.com.cn
经　　销：广东新华发行集团股份有限公司
排　　版：创溢文化
印　　刷：广州市岭美文化科技有限公司
（广州市荔湾区花地大道南海南工商贸易区A幢　邮编：510385）
规　　格：889 mm × 1 194 mm　1/32　印张4.875　字数100千
版　　次：2023年3月第1版
2024年9月第2次印刷
定　　价：36.80元

本丛书承

广州市科学技术局
广州市科技进步基金会

联合资助

《机器视觉》

主　编 谭明奎

副主编 肖　阳

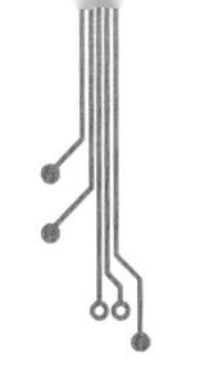

序　言

技术日新月异，人类生活方式正在快速转变，这一切给人类历史带来了一系列不可思议的奇点。我们曾经熟悉的一切，都开始变得陌生。

——［美］约翰·冯·诺依曼

“科技辉煌，若出其中。智能灿烂，若出其里。”无论是与世界顶尖围棋高手对弈的AlphaGo，还是发展得如火如荼的无人驾驶汽车，甚至是融入日常生活的智能家居，这些都标志着智能化时代的到来。在大数据、云计算、边缘计算及移动互联网等技术的加持下，人工智能技术凭借其广泛的应用场景，不断改变着人们的工作和生活方式。人工智能不仅是引领未来发展的战略性技术，更是推动新一轮科技发展和产业变革的动力。

人工智能具有溢出带动性很强的“头雁”效应，赋能百业发展，在世界科技领域具有重要的战略性地位。《中华人民共和国国民经济和社会发展第十四个五年规划和2035年远景目标纲要》提出，要推动人工智能同各产业深度融合。得益于在移动互联网、大数据、云计算等领域的技术积累，我国人工智能领域的发展已经走过技术理论积累和工具平台构建的发力储备期，目前已然进入产业

赋能阶段，在机器视觉及自然语言处理领域达到世界先进水平，在智能驾驶及生物化学交叉领域产生了良好的效益。为落实《新一代人工智能发展规划》，2022年7月，科技部等六部门联合印发了《关于加快场景创新以人工智能高水平应用促进经济高质量发展的指导意见》，提出围绕高端高效智能经济培育、安全便捷智能社会建设、高水平科研活动、国家重大活动和重大工程打造重大场景，场景创新将进一步推动人工智能赋能百业的提质增效，也将给人民生活带来更为深入、便捷的场景变换体验。面对人工智能的快速发展，做好人工智能的科普工作是每一个人工智能从业者的责任。契合国家对新时代科普工作的新要求，大力构建社会化科普发展格局，为大众普及人工智能知识势在必行。

在此背景之下，广东科技出版社牵头组织了“口袋里的人工智能”系列丛书的编撰发行，邀请华南理工大学计算机科学与工程学院院长、欧洲科学院院士、欧洲科学与艺术院院士陈俊龙教授担任总主编，以打造“让更多人认识人工智能的科普丛书”为目标，聚焦人工智能场景应用的诸多领域，不仅涵盖了机器视觉、自然语言处理、计算机博弈等内容，还关注了当下与人工智能结合紧密的智能驾驶、化学与生物、智慧城轨、医疗健康等领域的热点内容。丛书包含《千方百智》《智能驾驶》《机器视觉》《AI化学与生物》《自然语言处理》《AI与医疗健康》《智慧城轨》《计算机博弈》《AIGC 妙笔生花》9个分册，从科普的角度，通俗、简洁、全面地介绍人工智能的关键内容，准确把握行业痛点及发展趋势，分析行业融合人工智能的优势与挑战，不仅为大众了解人工智能知识提供便捷，也为相关行业的从业人员提供参考。同时，丛书可以提升

当代青少年对科技的兴趣，引领更多青少年将来投身科研领域，从而勇敢面对充满未知与挑战的未来，拥抱变革、大胆创新，这些都体现了编写团队和广东科技出版社的社会责任、使命和担当。

这套丛书不仅展现了人工智能对社会发展和人民生活的正面作用，也对人工智能带来的伦理问题做出了探讨。技术的发展进步终究要以人为本，不应缺少面向人工智能社会应用的伦理考量，要设置必需的“安全阀”，以确保技术和应用的健康发展，智能社会的和谐幸福。

科技千帆过，智能万木春。人工智能的大幕已经徐徐展开，新的科技时代已经来临。正如前文冯·诺依曼的那句话，未来将不断地变化，让我们一起努力创造新的未来，一起期待新的明天。

戴琼海

（中国工程院院士）

2023年3月

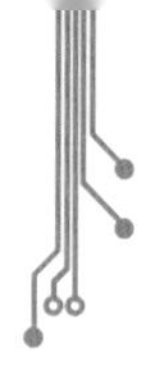

目录

第二章　看得见：机器视觉感知与系统　029

第三章　看得懂：视觉内容的表示与理解　053

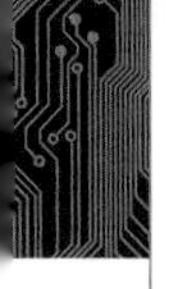

第一章

智慧眼：机器视觉的前世今生

现实世界是动态变化的，对其准确感知和理解是认识、适应和改造世界的前提。人类往往利用视觉、听觉、触觉、嗅觉等多种方式感知世界，并综合运用多种信息进行环境推理和决策。但是，在所有传感信息中，视觉是人类感知和认知世界的最重要手段，通过视觉获得的信息占全部感觉信息的70%以上。为了更精准和全面地感知世界，人类研发了各种视觉传感系统（如望远镜、显微镜等）对所关注的场景或对象进行多层次、多方面的观测，这些系统可产生大量的数据供人类分析和理解，由此引出了机器视觉（machine vision）。

机器视觉是人工智能的“眼睛”，是人类视觉能力的模拟、延伸和扩展，主要解决智能体看得见、看得准和看得懂等问题。从自动驾驶到智慧交通，从卫星遥感到智慧工业，从智能制造到智慧医疗，机器视觉是诸多领域实现突破性创新的关键核心技术，是目前人工智能研究最为活跃、应用最为广泛的领域之一。

近20年来，随着深度学习的发展，机器视觉在技术深度和应用广度方面均取得了长足进展。然而，相对于进化了数亿年的生物视觉系统，机器视觉技术的发展还不到百年，其智能化水平和适应能力还远不及人类视觉系统。因此，在介绍机器视觉基本原理和典型技术之前，有必要回顾人类视觉的基本机理和信息机制，以更好地理解现有机器视觉方法的本质，以及其对于人工智能的重要性。

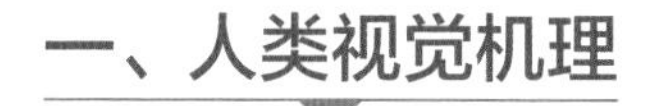

一、人类视觉机理

（一）人类视觉系统

人类视觉系统主要包括眼睛、视皮层等器官和组织结构，其在功能上负责视觉信息的获取和处理，以及视觉的产生。如图1-1所示，视觉信息的获取主要来自眼睛，它可以捕捉观察范围内的信息，例如颜色、几何信息、光照强度等，而对这些信息的加工处理则是在视网膜和视皮层等结构中进行的。接下来我们将分别介绍视觉器官的基本结构和视觉的产生过程。

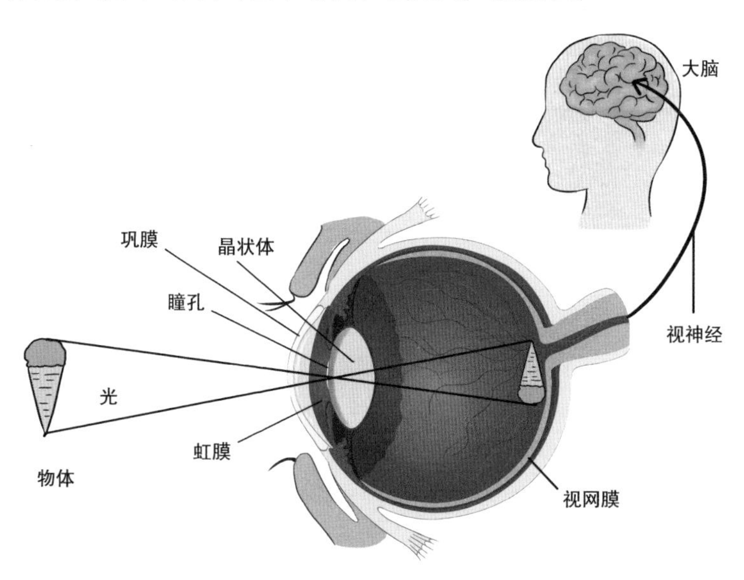

图1-1　人类视觉系统

（二）人眼结构

人眼是人体最复杂的感觉器官，如图1-2所示，从外形来看，眼睛是一个充满液体，直径2～3 cm的球体。为方便理解人眼的结构，我们将按照光线进入眼球的顺序对人眼结构进行介绍。

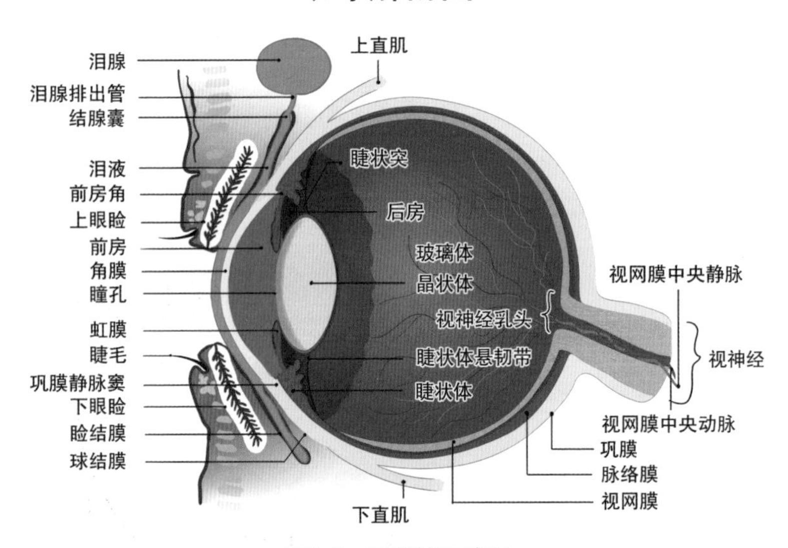

图1-2　眼球结构示意图

眼睛坚硬的最外层叫作巩膜，该结构用来维持眼睛的形状。巩膜前1/6的透明部分被称为角膜，如果角膜形状不规整导致不规则的折射，则会造成投射到视网膜上的图像失真[1]。

脉络膜是眼睛的第二层，其前部包含睫状体和虹膜。睫状体是连接在晶状体上的肌肉区域，它通过收缩和放松来控制对焦时晶状体的大小。

眼睛最里面的一层是视网膜，它包含负责在弱光下形成视觉的杆状细胞，和负责颜色视觉和细节的视锥细胞。视网膜的中心为中央凹区域，该区域只含有视锥细胞，负责看清楚细节。视网膜含有视紫红质，这是一种可将光转化为电脉冲的化学物质，可促进大脑产生视觉。视网膜神经纤维聚集在眼睛的后部，形成视神经，它将电脉冲传导到大脑。

（三）视皮层结构

视觉皮层是大脑的主要皮层区域，负责接收、整合和处理视网膜传递的视觉信息。视觉皮层位于初级大脑皮层的枕叶，在大脑最后方的区域。通常所说的视皮层主要包括初级视皮层（V1）和纹外皮层（V2、V3、V4、V5）。V1各区域的神经细胞功能各不相同，例如，某一神经细胞可能会对眼球接收到的水平方向的刺激做出反应，另一神经细胞可能主要对直立方向的刺激做出反应。这些神经细胞被分组成不同的模块，各个模块用于分析视野特定区域。

研究表明，V2神经元根据“交叉方向抑制”原则处理视觉信息。具体而言，V2首先将具有相似方向的刺激组合起来，使人眼对物体边界位置微小变化的感知具有稳健性[2]。其次，如果一个神经元被一个特定方向和位置的刺激激活，那么与之相差90°方向的刺激将受到抑制。这些交叉方向的刺激以各种方式组合起来，使我们能够感知到各种视觉形状。

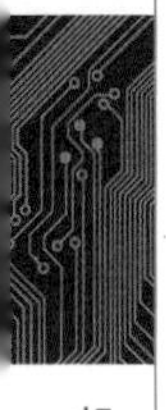

（四）视觉产生过程

携带着外部世界结构信息的光线经过眼球中一系列光线折射系统（如角膜和晶状体等），会投射在眼球底部的视网膜上。在接收到光线后，视网膜上的光感受器细胞将光信号转换为电信号，传递给视网膜的信息加工细胞，进行初步的信息整合加工。随后由视神经细胞将视觉信息通过神经元脉冲的模式传递入大脑，视觉信息通过大脑视皮层中不同层次组织的处理和整合，最终形成人的视觉。

在人眼中，晶状体与视网膜的距离保持不变。眼睛通过改变晶状体形状从而改变光的路线实现聚焦。其原理与凸透镜成像类似，如图1-3所示，在靠近或远离成像物体时，我们的眼睛通过压缩睫状体或加厚晶状体，确保物体发出的光线在视网膜上聚焦，从而实现不同距离目标物体清晰成像。

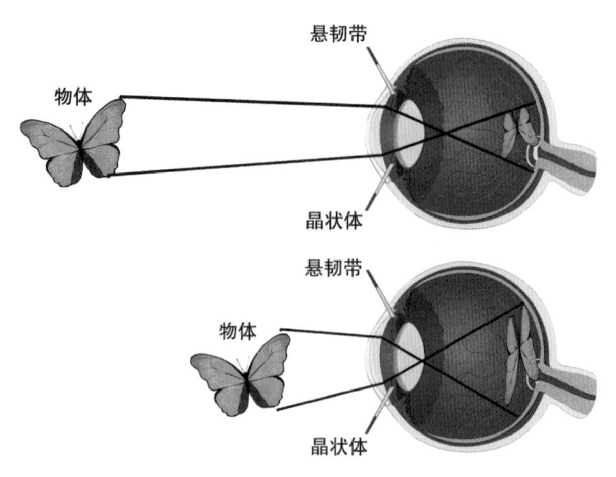

图1-3　视网膜成像“近大远小”示意图

（五）人类视觉特性

1. 视觉不变性

人类视觉系统不会因为被观察物体的旋转、平移、缩放等变化而改变对物体的识别和理解，这是因为每当我们看到各种物体时，我们的大脑都会提取物体本身的特征。例如，我们从不同视角、不同亮光环境、不同的距离观察同一辆汽车的时候，汽车的颜色、大小、角度都会发生较大的变化，但是我们不会误以为是不同的汽车。视觉不变性确保人类稳定地识别和理解变化的物象，这正是人类视觉系统的智能性所在。

2. 双重视觉机制

当你走在街上时，视觉机制中有两种系统在起作用："定向注意力"系统和"发现注意力"系统。"定向注意力"系统可以防止人撞到东西，并协助人们行走，它可以让你理解周围环境并规划路径，防止摔倒或撞到路灯柱。在该机制下，大脑不需要对周围环境进行全面理解，因而反应迅速且节省能量。当你在商店橱窗里看到一些有趣的东西时，你会切换到发现系统来仔细观察它们，此系统叫作"发现注意力"系统，该系统协助大脑从我们的记忆中收集信息，以获得对场景的全面理解，这一过程相对缓慢。

二、机器视觉与人类视觉

机器视觉指通过图像、视频等视觉数据对真实世界进行建模并自动提取信息的技术和方法。机器视觉与人类视觉有许多相似之处，同时也有显著区别。通常，对人类而言容易的任务（如双眼整合、距离感知等）对机器来说则十分困难。机器视觉可以覆盖从无线电波到γ射线整个电磁波谱范围，而人类仅可以感知电磁波谱的可见光波段。机器视觉和人类视觉的区别和联系是什么？我们将通过类比人类视觉的方式介绍机器视觉机理并回答这些疑问。

机器视觉系统通过特殊的光学装置将3D物体投影成2D图像，这样计算机硬件和软件就可以测量、分析和处理各种特征，从而进行决策。由于光学装置成像原理与人眼成像原理类似，我们先介绍光学装置与人眼结构的联系，随后比较机器视觉与人类视觉之间的区别。

（一）相机与人眼的联系及区别

1. 相机结构

相机是一种利用光学成像原理形成影像并使用底片记录影像的设备。如图1–4，它包括镜头、密封的盒状结构和用于成像的图像传感器。盒状结构中含有称为光圈的小孔，允许光线通过并在感光平面上形成图像。照相机控制操纵光线落在感光平面上的方式有：光圈的放大缩小控制进入光线的光量，快门机制控制感光平面暴露在光线下的时间。与人眼成像机理不同，相机的聚焦是通过改变镜头和成像平面间的距离来实现的。

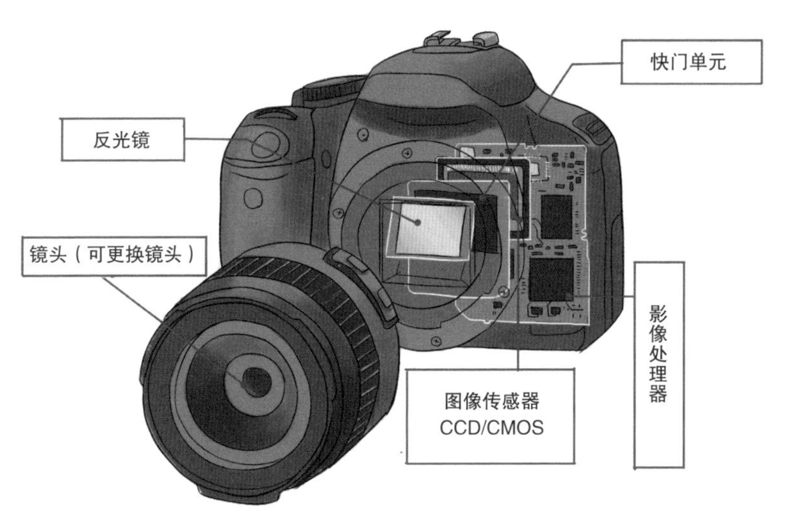

图1–4　相机结构示意图

2. 眼睛和相机的共同点

眼睛和相机的设计上存在诸多共同点，如图1–5所示：（1）角膜的功能类似于镜头的前透镜元件。它们与位于虹膜后面的晶状体一起组成眼睛的聚焦元件，角膜呈弯曲状，可使光线通过瞳孔发散。（2）虹膜和瞳孔的功能类似于照相机的光圈。虹膜是一块肌肉，虹膜收缩时可控制进入眼睛的光量，使眼睛无论在昏暗还是极端光亮的观察环境中都能正常工作。（3）视网膜的功能类似于数码相机中的成像传感器芯片。视网膜包含大量的感光神经细胞，它们将光线转化为电脉冲，并通过视神经传递给大脑，大脑最终接收并感知图像。

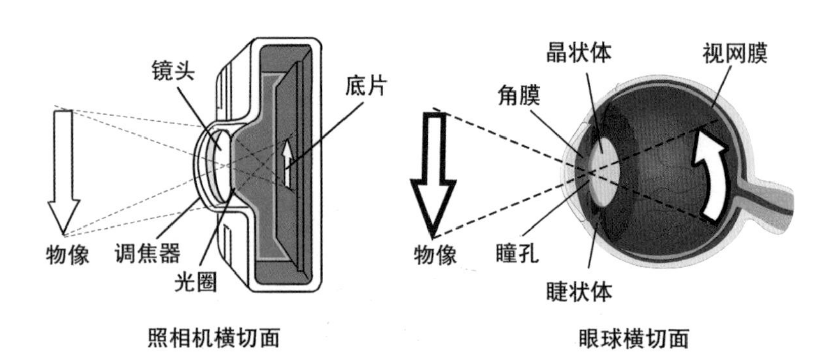

图1-5 相机与人眼结构对比

3. 眼睛和相机的区别

眼睛与相机也存在诸多差异：（1）眼睛不能记录图像。眼睛利用细胞探测光线，将其转化为电信号，传达给大脑并处理成图像，而相机中的视觉信号被保存于存储卡或者胶卷中。（2）眼睛比相机更灵活。人眼中的微小肌肉能够收缩和放松，以适应观测物体的移动，相机必须依靠一系列镜头和机械部件来保持对移动物体的聚焦。（3）眼睛是通过光感受器看东西的，而相机则使用光敏电阻。光感受器是人类眼睛中的特殊细胞。（4）信息传递方式不同。眼睛和照相机传输静态图像的不同之处在于，眼睛是使用异步脉冲序列传递光变化的。

（二）机器视觉与人类视觉机理对比

机器视觉利用算法通过大小、颜色和特征等来识别、区分和解释图像等视觉数据的规律，而人的视觉需要眼睛和大脑的协作来发挥作用。由于机理的不同，机器视觉与人的视觉特点不同，具体对比如表1-1[3]。

表1-1　机器视觉与人的视觉对比

项目	机器视觉	人的视觉
精确性	强，256灰度级，可观测微米级的目标	差，不能分辨微小目标
速度	快，快门时间可达到10 μs	慢，无法看清较快运动的目标
适应性	强，对环境适应性强	弱，对环境温度和湿度要求高
观测精度	高，数据可量化	低，数据无法量化
重复性	强，可持续工作	弱，易疲劳
可靠性	检测效果稳定可靠	易疲劳，受情绪波动影响
感光范围	紫外到红外及X光的光谱范围	波长为400～750 nm范围的可见光
智能性	弱，逻辑推理能力弱，面对复杂动态场景表现差	强，具有逻辑推理能力

1. 机器视觉图像处理机理

机器视觉的基本处理对象为数字图像。数字图像可定义为二维函数$f(x, y)$，其中x和y为平面坐标，该坐标对应的函数值$f(x, y)$为图像在该点的灰度。换句话说，图像在计算机中是用矩阵表示的，矩阵的大小代表着图像的分辨率。如图1-6所示，在灰度图像中，为了更加精确地表达图像，图像中的每个像素一般由一个整数表示，其被定义为捕捉到的光线强度或灰度，范围一般在0～255。而在彩色图像中，图像中的每个像素由三个值表示，这些值将各种颜色编码为红、绿、蓝的数量的组合，称为RGB，像素的最终颜色由三个颜色的强度来定义。由此，机器可通过灰度值和颜色编码来分别表达明暗度和颜色。

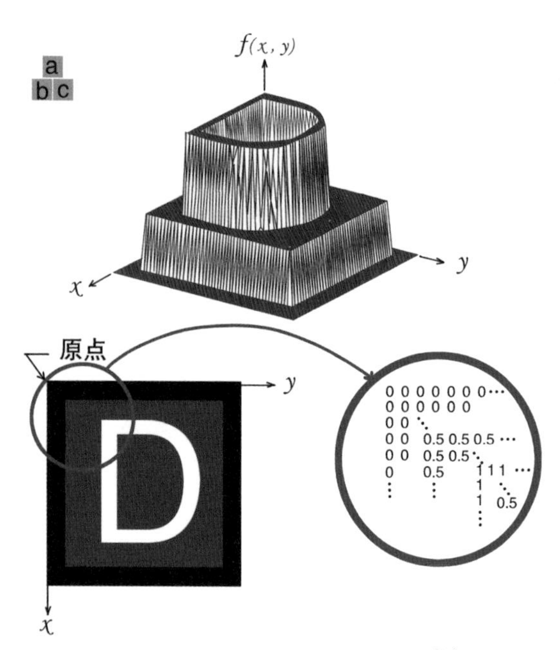

图1-6　机器视觉中图像的表现形式[4]

2. 人眼感受明暗光线及颜色的机理

人眼感受明暗及颜色的机理与机器明显不同。对于反映物体结构的光来说，其最重要的特征是亮度和波长，在人眼中光的亮度代表黑白，光的波长决定颜色。因此，当外部物体将不同位置反射的光投射到视网膜上的视锥细胞和视杆细胞时，每个细胞都会接收到相应光的强度和波长信息，起到光感受器的作用。视网膜区域中的视锥细胞数量决定着视觉的敏锐程度，主要负责亮光环境下的视觉。而视杆细胞只在较暗条件下起作用，适宜于微光视觉，但不能分辨颜色与细节。例如在夜晚，人们观察月光反射下的物体通常难以捕捉颜色信息，是因为此时只有眼睛中的视杆细胞被刺激，该现象称为暗视觉。

中央凹是眼睛特殊的组成部分，它位于视网膜中心附近区域，这一区域是视觉最敏锐的区域，包含高密度紧密排列的视锥细胞。视锥细胞由三种不同类型的细胞组成，这些细胞分别感知红色、绿色和蓝色。具体地，每一种细胞负责感知不同波长的响应峰值，该峰值包括430 nm、535 nm和590 nm。三种锥体受体产生的相对刺激强度在很大程度上决定了成像的颜色。例如，一束光对负责430 nm响应峰值的视锥细胞的刺激远远大于其他两种视锥细胞，这种光被视为蓝色[5]。相应地，波长集中在550 nm左右的光显示为绿色，波长集中在600 nm或更长波长的光显示为红色，介于430 nm和590 nm之间的所有波长构成了完整的颜色色谱。

3. 人类精细视觉机制

视觉系统需要具有同时处理各种复杂信息的能力。具体来说，视觉系统会同时接收很多不同空间尺度的信息，并由我们的大脑对不同尺度的信息进行综合处理，从而让我们在看到整体画面的同时又能抓住场景的关键细节。这种关键细节是如何被眼睛所捕捉，又是如何被大脑所处理的呢?

研究表明，在高级视觉皮层V4脑区中，除了存在大量低空间分辨率的神经元可以编码整体图像之外，还存在着一些对高度精细的局部视觉刺激有强烈视觉偏好反应的神经元聚集成群[6]。并且这两类神经元在反应时间上的区别，也符合人类先看到整体后注意到细节的视觉体验。该研究工作推翻了传统的理论观点，揭示了编码精细视觉的神经元不仅存在于大脑初级视觉皮层V1脑区，而且也存在于中高级视皮层V4中，尤其是表明了在整体和局部的精细视觉编码中，V4脑区起到了承上启下的关键

作用。因而其他负责高级认知功能的大脑皮层可以直接从高级视觉皮层V4读取到精细信息，从而更快捷地与外部世界进行互动。

三、人工智能与机器视觉

人工智能（artificial intelligence，AI）是研究、开发用于模拟、延伸和扩展人的智能的理论、方法、技术及应用系统的一门新的技术科学。对图像、视频、语音和文字等内容的理解，构成了我们现在人工智能的基础，其中机器视觉是人工智能的核心部分。本节将介绍基于机器视觉的人工智能，具体包括在图像、视频、三维（three dimensions，3D）数据中机器视觉的基本任务，如分类、检测、分割。

（一）基于图像的任务

图像是机器视觉与人工智能研究的基本数据之一，本节将介绍基于图像的分类、目标检测、语义分割和目标分割任务。

1. 图像分类与图像目标检测

图像分类任务是机器视觉中最基本的任务之一，如图1-7左侧（来自CIFAR-10数据集）所示。图像分类会根据整张图像的信息区分图像类别，并赋予类别标签。

图像目标检测任务的输入是图像，输出是目标的位置和类别，其中位置通常以边界框的形式可视化呈现，如图1-7右侧（来自MS COCO数据集）所示。此项任务能够根据各个图像的局部信息，对图像中的目标进行定位和分类。

图1-7　图像分类（左）与图像目标检测（右）示例

2. 图像语义分割与实例分割

分割指将整个图像分成一个个像素组，然后对像素组进行标记和分类，该任务分为语义分割和实例分割两类。

图像语义分割和实例分割的输入都是图像，输出都为整张图像各个类别物体的像素位置和所属类别，如图1-8左侧（来自CamVid数据集）所示。图像语义分割是对密集的像素进行分类，确定每个类别的边界，而在语义分割的基础上，实例分割还需要标注出图像中同一类别物体的不同个体，如图1-8右侧（来自MS COCO数据集）。

图1-8　图像语义分割（左）与图像实例分割（右）示例

（二）基于视频的任务

如今，互联网上视频的规模日益庞大，网络影视作品、短视频、直播等视频数据随处可见，视频正逐渐成为人们接触数字世界最主要的数据格式。本节将介绍基于视频的分类、目标检测、语义分割和目标分割任务。

1. 视频分类与视频目标检测

视频分类任务的输入是视频，即具有时序关系的图像序列，其中每一张图像称为一帧，输出是一个或多个主题关键词。视频分类能够基于视频的语义内容，将视频自动分类至单个或多个类别。如图1–9左侧所示，根据视频内容，视频分类任务将两者分别分成“打篮球”和“参加毕业典礼”。

视频目标检测任务的输入是视频，输出是视频每帧图像中目标的位置和类别，如图1–9右侧所示。该任务对视频中出现的目标进行检测，并努力确保每一视频帧发生变化的目标在以后的视频帧还是属于同一个目标。以图1–9右侧右下角图片为例，视频目标检测算法旨在将视频每一帧中的斑马所在的位置准确预

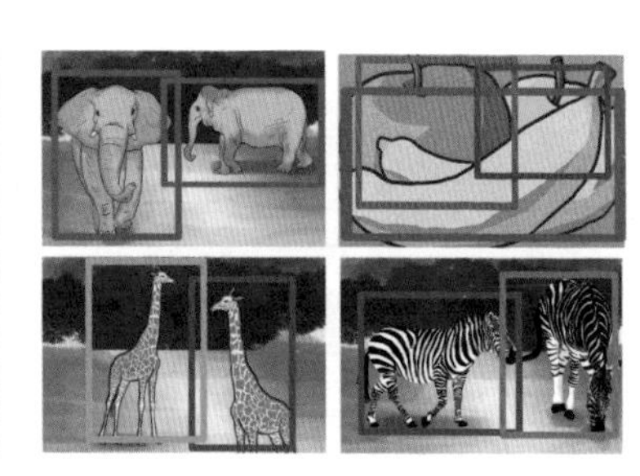

图1–9　视频分类（左）[7]与视频目标检测（右）[8]示例

测出来，即使斑马的位置发生改变，依然能够识别出这是同一只斑马。

2. 视频语义分割与目标分割

目前主流的视频分割任务包括视频语义分割和视频目标分割。视频语义分割任务的输入是视频，输出是视频每帧图像各个类别物体的像素位置和所属类别，如图1-10左侧（来自Cityscapes数据集）所示。该任务对视频的每帧图像进行图像语义分割时，需要考虑视频帧数据量，以及相邻帧之间的关系。

视频目标分割任务的输入是视频，输出是视频每帧图像中的特定目标实例的对应像素位置。视频目标分割首先在整个视频中分割一个特定的目标实例，然后在每一连续帧中寻找感兴趣目标的对应像素。如图1-10右侧（来自Perazzi数据集）所示，视频帧中用棕色像素分割出的实例，就是后续每一连续帧感兴趣的目标。视频语义分割旨在预测视频中所有类别物体（如街道、车、树木等）的像素位置，而目标分割只关注特定种类的目标所属的像素位置，并区分出该目标种类的不同个体（如人、骆驼等）。

图1-10　视频语义分割（左）与视频目标分割（右）示例

（三）基于3D数据的任务

随着3D采集技术的快速发展，3D传感器［包括各种3D扫描仪、激光雷达和RGB-D相机（如Kinect、RealSense和苹果深度相机）］逐渐普及。这些传感器采集到的3D数据可以提供丰富的几何、形状和尺度信息。随着研究者对3D数据的深度学习研究，越来越多的方法被提出并用来解决与3D数据相关的各种问题，包括3D形状分类、3D目标检测与跟踪、3D点云分割等。

1. 3D点云数据

点云是一种常用的3D数据格式，它保留了3D空间中原始的几何信息。相比于图像来说，3D点云数据可以提供丰富的几何、形状和尺度信息，且不易受光照强度变化和其他物体遮挡等影响。因此，它是自动驾驶、智能机器人、遥感和医疗等场景理解、应用的首选表示形式。

2. 3D形状分类与3D目标检测

3D形状分类任务的输入为3D点云数据，输出是对应的类别标签。此任务旨在提取3D点云数据的全局特征信息，然后根据不同的特征信息来区分3D点云数据的类别。如图1-11左侧（来自ShapeNet数据集）所示，图中包含多个3D点云数据，3D形状分类任务就是将图中所有的3D点云数据划分到椅子和汽车两个类别中。

3D目标检测任务的输入是场景的3D点云数据或深度图像，输出是目标的3D位置信息和类别，通常以3D边界框的形式显示。3D目标检测可以预测3D空间中关键目标的位置、大小和类别，在每个被检测物体周围生成一个有方向的3D边界框。如图1-11右侧所示，3D目标检测给输入的点云数据生成了有方向的3D边界框，并在普通二维图像中也标注了相应的3D边界框。如图1-11右侧（来自KITTI数据集）所示，给定交通场景的二维图像及对应点云数据，3D目标检测预测二维图片中车辆的位置，并以绿色边界框的形式展现，对于点云数据，同样预测边界框，绿色框内即检测的车辆对应的点云数据。

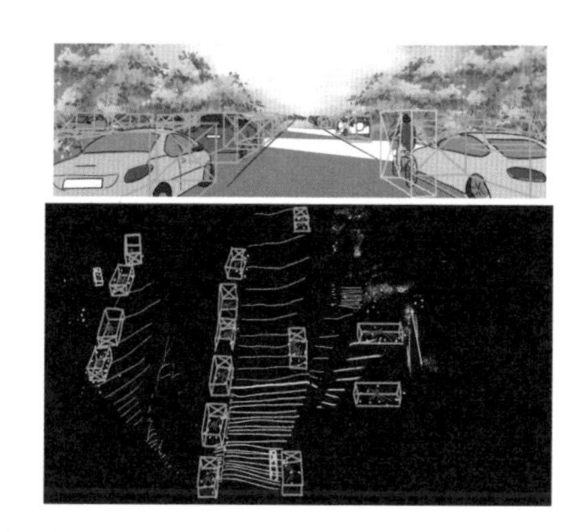

图1-11　3D形状分类（左）与3D目标检测（右）示例

3. 3D点云语义分割与实例分割

3D点云分割任务根据分割粒度，可分为语义分割和实例分割两大类。

3D点云语义分割任务的输入是3D点云数据，输出是场景点云每个点的类别标签，如图1-12左侧（来自Stanford 3D semantic parsing 数据集）所示。3D点云语义分割将场景的3D点云信息逐点分类，赋予每个点语义标签，从而更准确地描述空间中物体的类型，例如绿色像素对应天花板，红色对应椅子。

3D点云实例分割任务的输入是3D点云数据，输出是场景点云每个点的类别标签和所属个体信息，如图1–12右侧（来自ScanNet数据集）所示。3D点云实例分割需要区分标签不同的点，还需要区分标签相同的实例，例如区分不同的桌椅等，通过对3D点云数据推理出更精确的目标。

图1–12　3D点云语义分割（左）与3D点云实例分割（右）示例

四、发展历程

机器视觉在近30年来蓬勃发展，呈现出极大的发展潜力和应用前景，并且彻底改变了制造业和我们日常生活。现如今机器视觉相关技术已广泛应用于诸多现实场景，如智能手机人脸识别解锁、社区人脸门禁、公路监控、停车场的车牌识别、拍图识物、快递自动分拣等场景。如今我们随手就能通过智能手机记录我们身边的日常、美景、奇闻趣事等等，并进一步使用各种图像处理技术自动处理和分析图像。下面我们将简要介绍人类在不断追求记录、处理、自动分析和理解真实世界的历程。

我国哲学家、墨家创始人墨子（公元前470—前390年）在《墨经》中最早记录了小孔成像原理及其现象："光之人煦若射。下者之人也高，高者之入也下。足蔽下光，故成景于上；首蔽上光，故成景于下。在远近有端，与于光，故景障内也。"如图1–13所示。这是人类最早关于小孔成像现象的书面记录，并且指出其原理是因为光线沿直线传播，书中提到了一种叫"暗匣"的装置，便是相机的前身——暗箱（camera obscura）。

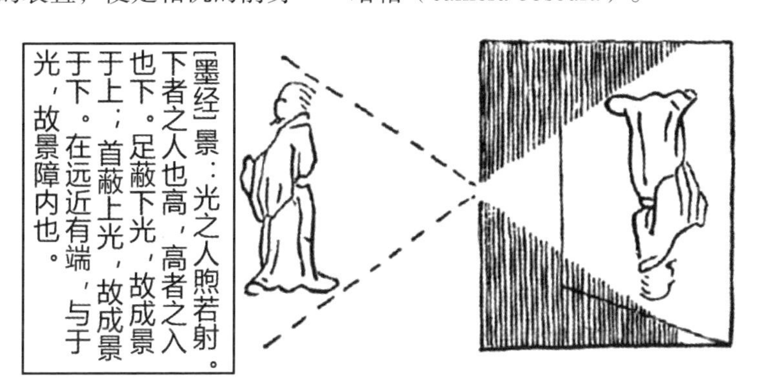

图1–13 《墨经》中关于小孔成像现象和原理的描述

在西方，众多科学家对这一光学现象背后的原理及人眼成像原理进行了研究。德国数学家和天文学家约翰尼斯·开普勒（Johannes Kepler）最早意识到了人眼视网膜成像原理，他在研究天文望远镜透镜时认为人类视觉与透镜有着相同原理，并在1604年出版的《天文光学》一书中指出，图像在眼睛的视网膜上被"画"出了颠倒的像，而大脑可以通过某种方式对其进行矫正。

文艺复兴时期的艺术家和发明家列奥纳多·达·芬奇（Leonardo da Vinci）对人眼成像原理也很感兴趣，并对人眼进

行了解剖，他发现虹膜是调节进入人眼睛光量的构造。他还系统地试验了各种形状和大小的光圈，并在笔记本上绘制了大约270张“暗箱”图，记录在《大西洋抄本》中，如图1–14所示。

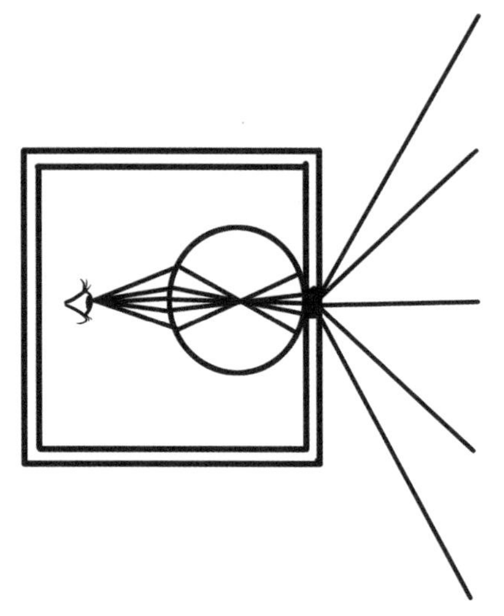

图1–14 达·芬奇所记录的“暗箱”示意图

那不勒斯（今意大利）科学家吉安巴蒂斯塔·德拉·波尔塔（Giambattista della Porta）首次对暗箱做了最全面的书面描述，他于1558年发表在《自然的魔法》的文章首次推荐暗箱作为辅助绘画的工具。图1–15描绘了艺术家们绘画时用到的暗箱。佛罗伦萨数学家和天文学家伊尼亚齐奥·丹蒂（Egnazio Danti）在1573年发表的《欧几里得透视法》的著名文章中提到可以通过添加凹面镜来矫正暗箱的倒像呈现，首次在真正意义上完成了暗箱对人眼成像的模仿。

1657年，萧特（Schott）改进了暗箱结构，把暗箱做成一大一小两个盒子，小的可以在大的里面滑动，从而完成聚焦（图

1–15）。他将两个凸透镜安装在可调节的管中，并获得正像。这种结构已经非常接近现在所用的相机，但是还缺少能够稳定清晰成像的介质，无法被称为相机，只能用于帮助绘画。相机的出现还离不开晚于暗箱200多年才登场的“化学感光材料”。

图1–15　萧特绘画时所用的暗箱

1822年，法国发明家乔瑟夫·尼舍弗朗·尼埃普斯（Joseph Nicéphore Nièpce）使用涂了沥青的玻璃板，拍摄得到了照片《桌上的物品》，但是该方法需要长达几十小时的曝光，缺乏实用价值。1827年，尼埃普斯制作了第一架照相机（图1–16左侧），他通过在一块铅锡合金板上涂白蜡和沥青的混合物，制成了一块感光金属板，并将其装入相机中，对着窗外曝光了8 h，得到了窗外景物的正像。至此，尼埃普斯发明了“日光蚀刻法”，能永久地将影像记录下来，基于此方法，尼埃普斯拍摄了世界上第一张永久性照片《窗外景色》（图1–16右侧）。

图1-16　世界上第一架照相机（左）和第一张永久性照片《窗外景色》（右）

1829年，尼埃普斯与路易·雅克·芒代·达盖尔（Louis-Jacques-Mandé Daguerre）合作，希望对照相机进行改良，但在1833年7月5日，尼埃普斯突然因病离世，终年68岁，达盖尔则继续基于尼埃普斯的研究成果对照相机进行改良。1839年，达盖尔发明了银版摄影法，成功试制了世界上第一台银版照相机，银版让曝光时间从8 h缩短到了20 min。随着感光材料的发展，1871年市面上出现了用溴化银感光材料涂制的干版，1884年，柯达的创始人乔治·伊斯曼（George Eastman）发明了世界上第一款胶卷，该款胶卷用硝酸纤维（赛璐珞）作为基片，并应用于柯达相机中，如图1-17所示。此后，柯达相机逐渐走入消费市场，并持续繁荣了一百多年。

图1-17　基于胶卷的相机——柯达相机示意图

1939年，RCA、Albert Rose等公司推出超正析像管，1944年获得美国海军生产合同，从1946年到1968年，它逐渐成为美国广播公司常见的显像管。1974年，史蒂文·赛尚（Steven Sasson）在柯达的应用电子研究中心设计出第一部“电子手持式静态相机”（handheld electronic still camera）。第二年，他做出第一个可使用的原型，该相机可将影像储存在卡匣式录音带中，这也是第一台数码相机，这个原型相机于1975年10月7日拍摄出历史上第一张数字静态相片，如图1–18所示。自此，人们开始利用电子信息的形式记录真实世界，但是想要自动处理、分析和理解真实世界还需要机器视觉算法和技术的加持。

图1–18 史蒂文·赛尚和第一张数码相机拍摄的数字照片

20世纪60年代，被公认为“计算机视觉之父”的拉里·罗伯茨（Larry Roberts）在其博士论文中讨论了从多面体的二维透视图中提取3D几何信息的可能性。此举引发了世界范围内各大科研机构对简单多面体的几何结构、物体形状、物体间空间关系等建模算法的研究热潮。在当时，研究者们提出了一系列图像预处理、物体边缘检测等机器视觉技术，这些技术如今仍然应用于众多领域。

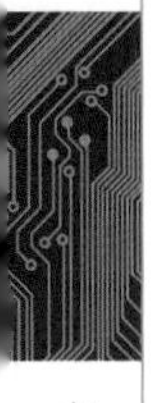

20世纪60年代末到20世纪70年代，在前面研究的基础上，科学家与工程师们已经开发出一些机器视觉应用系统，可以实现简单多面体的简单建模和视觉目标匹配。20世纪70年代中期，麻省理工学院（Massachusetts Institute of Technology，MIT）人工智能实验室正式开设了“机器视觉”课程。

20世纪80年代，随着一系列新概念和新理论的出现，机器视觉这个研究领域开始腾飞，此研究慢慢地从实验室走向实际应用。其中光学字符识别（optical character recognition，OCR）系统开始被应用于各种工业应用程序，用来读取和验证字母、符号和数字，如图1-19所示。

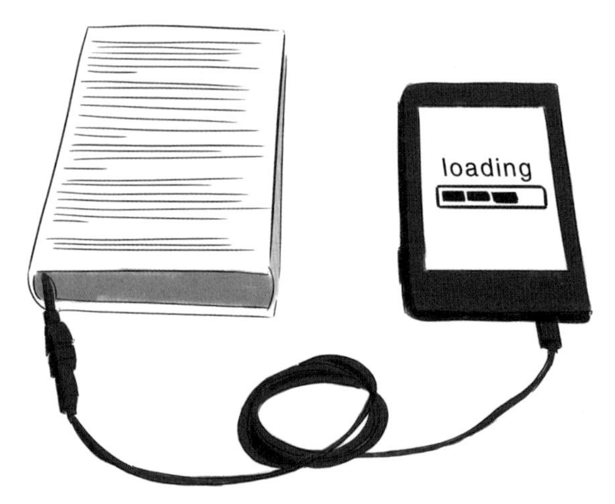

图1-19　光学字符识别（OCR）

20世纪90年代后，机器视觉开始在工业环境中变得越来越普及，并衍生出了机器视觉产业，超过100家公司开始销售机器视觉系统。随着成本的下降，用于机器视觉行业的LED灯也被开发出来，人们在传感器功能和控制架构方面同样取得了较大进展，进一步提高了机器视觉系统的能力。如图1–20，机器视觉系统用于工业的标志视觉缺陷检测。

图1–20　苹果标志视觉缺陷检测

但是此时的机器视觉还只能处理一些简单任务，在一些复杂的图像语义理解和识别上仍然存在极大局限。在处理对象上，这时的机器视觉仍停留在单张图像的处理与分析上，无法对视频等时间序列视觉数据进行建模。此外，机器视觉还被局限在图像数据处理中，无法处理更为复杂的视觉传感信息，如点云、深度信息等。21世纪以来，随着人们对机器视觉技术研究的深入，计算机工业水平的飞速提高以及并行处理和神经元网络等学科的发展，尤其是人工智能技术和机器视觉技术的结合，机器视觉正逐步走向成熟，应用的现实场景和工业领域也在逐日增加。

第二章

看得见：机器视觉感知与系统

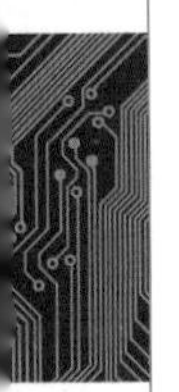

一、视觉传感机理与系统

机器视觉系统通过传感器从外界获取视觉信息。视觉信息最常见的载体是图像数据，根据信息来源的不同，图像数据可分为可见光成像数据、X射线成像数据、红外成像数据等。

（一）可见光成像

相机是最常见的可见光成像系统，主要结构包括光学镜头、感光元件和图像读取模块。其中，光学镜头负责将外界光线汇聚到感光元件上，感光元件则将光信号转换成电信号，最后图像读取模块将输出计算机可以处理的数字图像。

1. 光线采集

光学镜头在机器视觉系统中扮演着重要的角色，其作用是将待测物体表面的光信号汇聚到感光元件上。光学镜头的基本结构如图2-1所示，光线通过镜头组和快门，最终到达感光元件。其

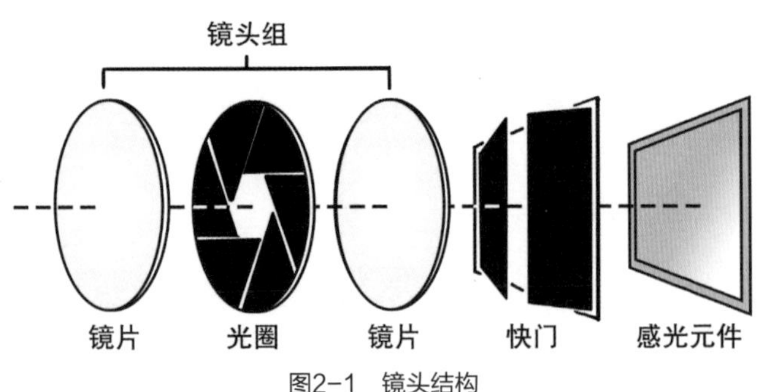

图2-1　镜头结构

中，镜头组中的光圈负责控制进光量的大小，快门的一次开–关过程即为一次拍摄。

光学镜头组通常包含若干块形态各异的透镜，这些组合在一起的透镜可视为一块凸透镜，也就是日常生活中的放大镜，其重要作用之一就是汇聚光线。如果我们将放大镜放置于太阳光下，并调整一定的距离，就可以让太阳光汇聚于一点。图2–2展示了相机如何成像：一根蜡烛被放置在透镜左侧的两倍焦距（即2f）处，蜡烛发出的光线通过凸透镜，在透镜右侧两倍焦距处汇聚，如果在此处放置感光元件（或者白纸），即可获得倒立的蜡烛的像。感光元件所在的平面就是成像平面，调整感光元件和透镜之间距离以保证清晰成像的过程就是“对焦”。从图2–2同样可以看到，如果感光元件偏离成像平面，那么汇聚的光线将重新发散，感光元件接收到光斑而非一个点，画面就变得模糊。图像模糊将导致信息丢失，因此在绝大多数情况下，如何更好地对焦，保证成像质量是机器视觉系统的重要环节之一。

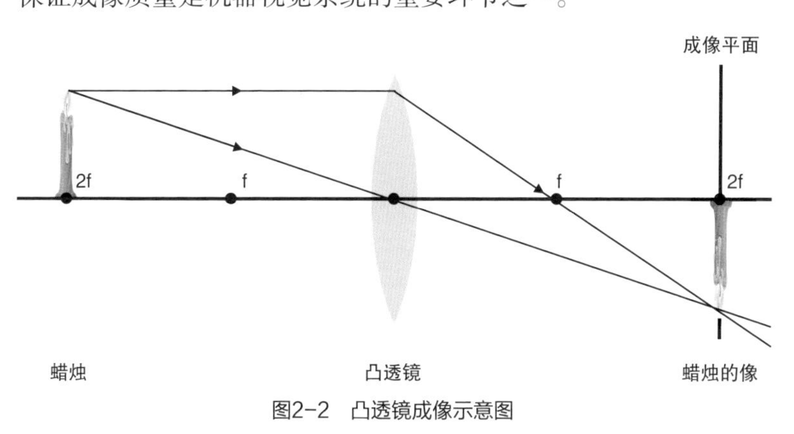

图2–2 凸透镜成像示意图

2. 光电转换

通过光学镜头汇聚的光信号在感光元件上转换成电信号，感光元件的结构如图2-3所示。目前主流的感光元件有两种，分别是电荷耦合器件（charge coupled device，CCD）和互补金属氧化物半导体（complementary metal oxide semiconductor，CMOS）。两种感光元件的信号读取方式不同，但都是通过排列在感光元件表面的光电二极管（photodiode）阵列进行光电转换，每一个光电二极管又被称为像素。光电二极管是一种半导体器件，接收到光信号时表面电荷会发生转移，形成电流。光照强度越大，电流也就越大，根据电流大小即可获得光照强弱信息。

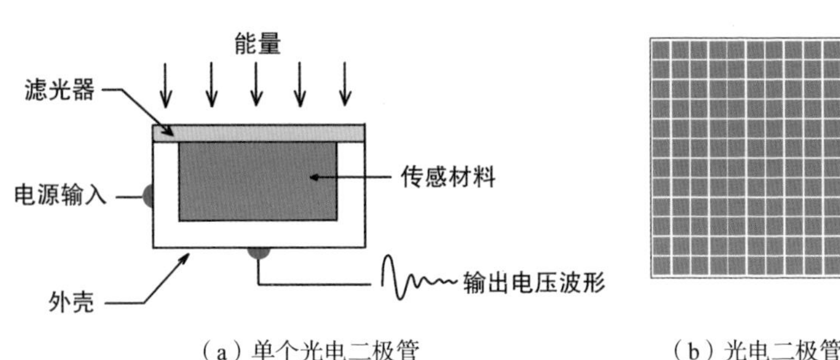

（a）单个光电二极管　　（b）光电二极管阵列

图2-3　感光元件示意图

3. 图像输出

感光元件测量到的电压信号需要通过数字和模拟电路扫描和转换才能得到可供计算机处理的数字信号。转换主要有两步：采样和量化。如图2-4所示，扫描电路首先对投影到感光元件的连续图像进行采样，获取像素坐标信息；然后对幅度值进行量化，也就是将连续的幅度值转换成离散的数字信号。日常使用的量化等级一般为256，即像素强度的取值量化到［0, 255］区间，这样就得到了可以显示和处理的数字图像。

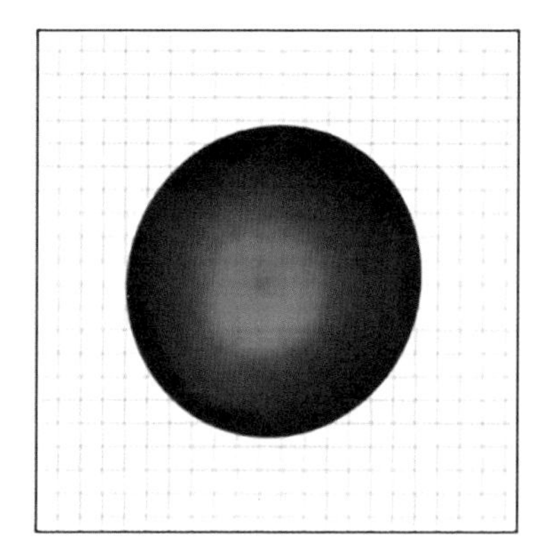
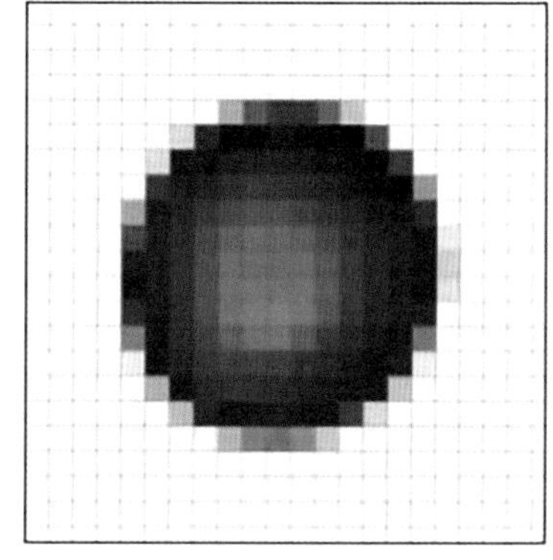

图2-4　图像量化

感光阵列只能记录场景中的光线强弱，不能记录颜色信息，因此上述过程得到的数字图像也被称为灰度图。根据人眼的视觉特性，自然界中的光线可以由红、绿、蓝这三原色通过不同的比例混合而成。为了分解并记录光线中的三原色信息，需要在感光阵列表面覆盖一层色彩滤镜，每种色彩滤镜只允许单一颜色通过，因此被称为色彩滤波阵列（color filter array，CFA）。

拜耳滤镜（Bayer filter）是最常用的CFA排列方式，由伊士曼·柯达公司的科学家布莱斯·爱德华·拜耳（Bryce Edward Bayer）发明。拜耳滤镜结构如图2-5所示，每四个滤镜构成一个最小单元。由于人眼对绿色最为敏感，因此每个最小单元包含两个绿色滤镜，而红色和蓝色滤镜各一个，最终我们可以得到三种不同颜色的图片，即RGB三通道图片。

不难发现，每个颜色通道的图片实际分辨率降到了原始阵列的1/4，因此需要对拜耳图片进行插值，利用邻近像素信息补全

当前位置的色彩，即可得到原始分辨率的彩色图片，这一插值过程又被称为去马赛克（demosaicking）。

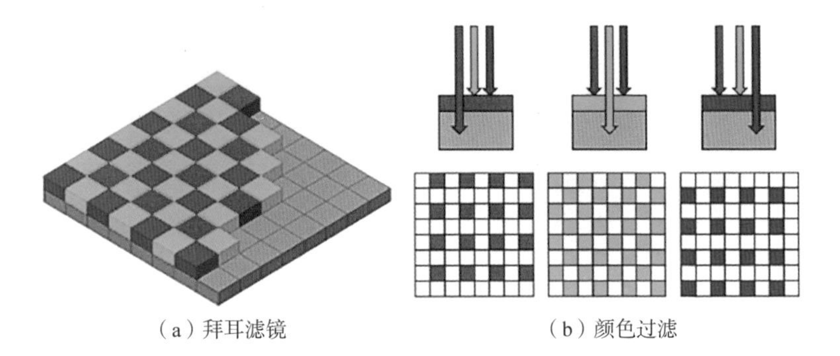

（a）拜耳滤镜　　　　（b）颜色过滤

图2-5　彩色图像获取过程

（二）其他成像方式

可见光成像系统是与人类视觉系统最接近的成像方式。根据应用场景的不同，在现实中还有许多不同的成像方式。这些成像方式广泛应用于医疗诊断、工业检测和环境监测等领域。

X射线成像（X-ray imaging）：X射线是一种频率极高、穿透性强的电磁波，因此常用于扫描成像，如图2-6所示。当X射线穿透人体组织时，射线强度发生不同程度的调制，最终落到感光元件上，从而形成X光图，这可以作为临床诊断人体组织是否损伤的依据之一。X射线的另一重要应用是电子计算机断层扫描（computed tomography，CT）。与X线片不同，CT获取的是每一个人体组织切片的扫描数据。这些切片数据组合在一起，构成人体内部的三维渲染，可以作为更详细的诊断依据。需要注意的是，X射线具有一定的辐射风险，因此须严格控制剂量。

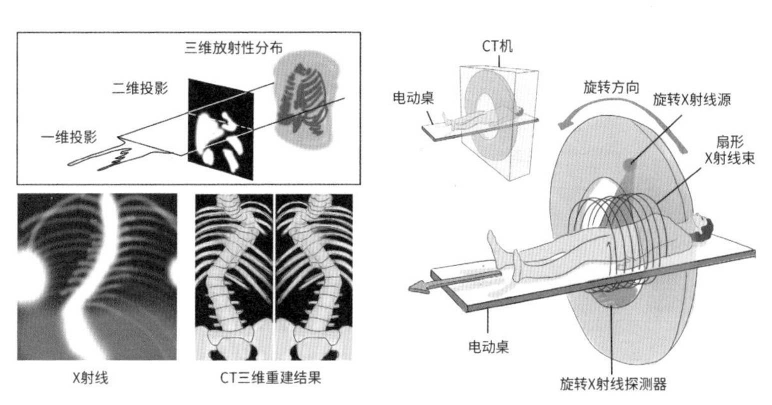

图2-6　X射线断层扫描技术。X射线二维图像与三维CT的对比（左）及螺旋锥束扫描CT（右）

磁共振成像（magnetic resonance imaging，MRI）：MRI是一种断层成像技术，其原理是人体在磁场中时，人体组织的部分原子会和磁场信号发生共振，通过传感器采集信号即可得知构成这一物体的原子核的位置和种类，从而获得精细复杂的人体解剖图像，如图2-7所示。相比起X线片和CT，MRI具有更高的分辨率，并且无放射性，对人体无害。

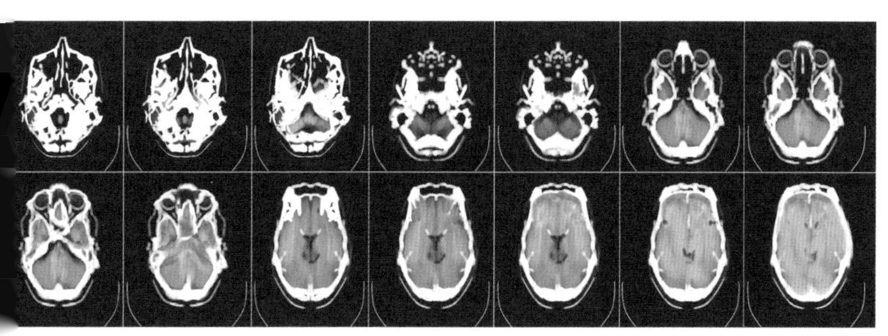

图2-7　脑部MRI图片[9]

超声成像（ultrasound imaging，USI）：USI是通过发射超声波信号对人体进行扫描，采集反射信号进行分析处理，从而获得

人体内器官组织图像的成像技术，如图2-8所示。超声成像速度快，并且无电离辐射，因此较为安全，广泛应用于软组织检查。

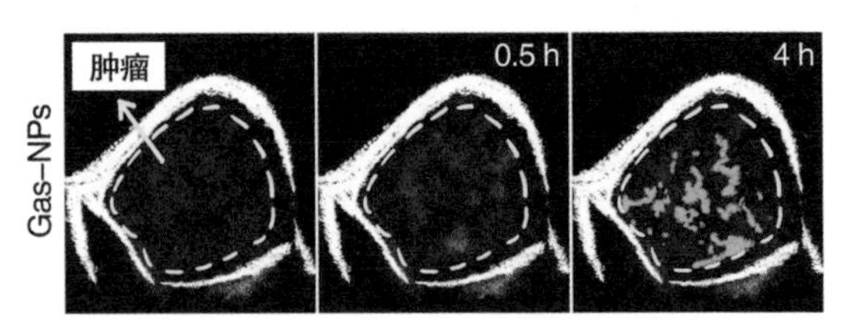

图2-8　肿瘤的超声图像

光声成像（photoacoustic imaging，PAI）：PAI是一种非入侵式的医学成像方法，工作时无须将传感设备侵入人体。其基本原理是脉冲激光照射到生物组织时，组织吸收光信号并产生超声信号，即光声信号。光声信号携带了人体组织的光吸收特征信息，通过探测光声信息即可重建人体组织的光吸收分布图像，如图2-9所示。相比传统MRI，PAI在分辨率方面具有优势，因此成为近年来最有发展前景的一种生物成像技术之一。

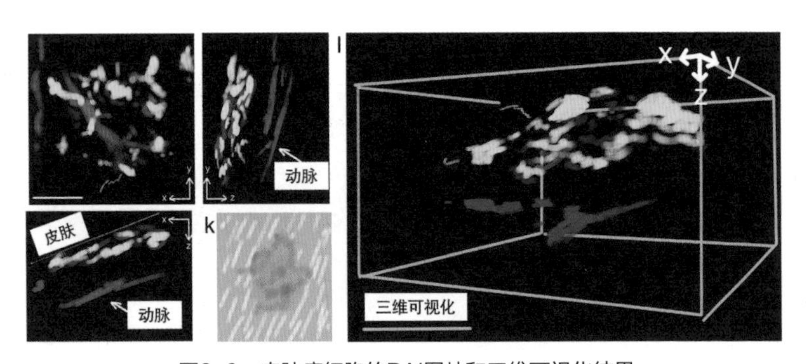

图2-9　皮肤癌细胞的PAI图片和三维可视化结果

光热成像（photothermal imaging，PTI）：任何有温度的物体都会向外释放电磁波辐射，PTI即是一种通过探测其中的红外辐射能量从而实现热成像的成像技术，常用的设备是红外热成像仪。PTI检测的电磁波频段中的红外波段，与可见光成像的原理类似，因此可以转换成标准的图片格式以便观察，如图2-10所示。在临床检查上，PTI可以实时检测人体组织因疾病或者功能改变而产生的温度异常，但是图像的分辨率相对较低。

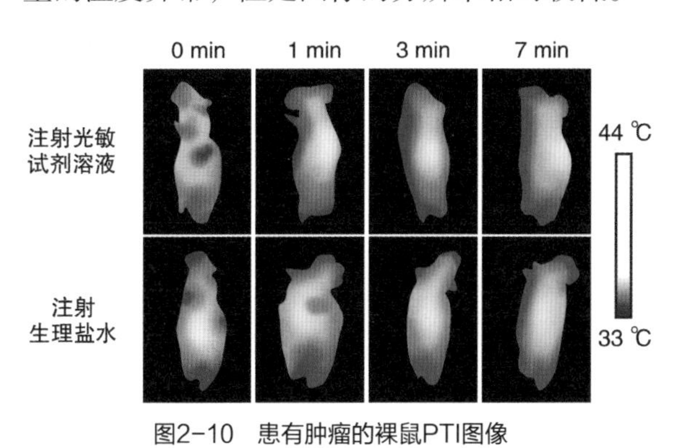

图2-10　患有肿瘤的裸鼠PTI图像

二、视觉内容存储

（一）视觉内容存储的数据类型

机器视觉需要机器对视觉内容进行理解与分析，而理解的前提条件是需要将采集到的视觉内容存储成机器可以处理的信号。因此，传感器采集到的数据通常需要转换成特定的储存格式，例如图片数据，视频数据，三维数据、甚至是更高维数据等。

1. 图片数据

图片是日常生活中最常见的一种数据类型，通常分为灰度

图片和彩色图片。受限于早期传感技术，相机一开始没有色彩滤镜，无法采集真实世界中的颜色信息。因此，这些相机采集的图像只包含了物体的亮度信息和轮廓信息，整体呈现为灰色，如图2-11（a）所示。具体来说，灰度图片存储在计算机中是一个二维的矩阵图，矩阵的维度就是图片的分辨率，如分辨率为512×512的图片，其矩阵一共有512行，每行有512个数值。而矩阵的每个数值表示为图像的一个像素，像素数值可理解为传感器在该点位置采集到的光信号强度，也就是亮度，其取值范围为0～255，0表示黑色，255表示白色。随着计算机传感技术的发展，在感光器件上加上传感器阵列，如最常见的拜耳阵列后，传感器可通过阵列像素之间的色彩进行插值，从而获取彩色图像。彩色图片以RGB彩色图片为主要代表，其在计算机中表示为三个通道的二维矩阵图堆叠在一起，每个通道分别表示红色（red，R），绿色（green，G）和蓝色（blue，B）三种颜色的矩阵，每个像素最终颜色由红、绿、蓝三种颜色的亮度值共同表示，如图2-11（b）所示。

（a）Lena灰度图片

（b）Lena彩色图片

图2-11　Lena灰度图片和彩色图片

2. 视频数据

视频作为日常生活中另一种反映场景的视觉内容，可以理解为一种将连续多张图片连接在一起，按照固定顺序和速度进行播放的视觉信息存储方式，图2-12为Kinetics数据集中截取的打篮球视频。根据视觉暂留原理，物体在快速运动时，在所看到的影像消失后，人眼仍能继续保留其影像0.1～0.4 s，所以当连续的图像变化每秒超过10帧（frame）图片时，人眼就会看到平滑连续的图片序列，即日常生活中的视频。

图2-12 打篮球视频序列

3. 三维数据

此外，随着机器视觉的发展，深度相机和激光雷达这样的三维传感器也获得了广泛应用，这些设备采集到的三维数据需要进行存储，并通过后续的处理以获取信息。三维图像通常通过深度相机采集，三维图像在二维彩色图像的基础上多了一个维度，即图像深度。深度图像是深度信息的直观表现形式，其数值大小反映了场景中物体与深度传感器之间的距离。不同于二维彩色图像，每个像素仅使用R、G、B三种颜色表示，三维图片每个像素使用R、G、B、D（depth，深度）共同表示，也被称为RGB-D图像。在RGB-D图像中，RGB图的像素和深度图的像素具有一一对应关系，具体如图2-13所示（数据来源：Diode室内外深度数据集）。深度信息除了可以使用深度图进行表示，也可以使用三维点云的数据格式进行表示。三维点云是某个坐标系中的点的数据集。点云中的每个点包含了丰富的信息，包括三维空间坐标、颜色、分类值、强度值、时间等。相比像素网格对齐的RGB-D图像，点云是更稀疏的数据结构。三维点云可以通过采集到的RGB-D图像，以及扫描相机的内在参数进行转换得到，也可通过激光雷达直接采集得到。

（a）户外RGB图像

（b）户外深度图像

图2-13　户外三维RGB-D图像

（二）视觉内容压缩存储

随着互联网技术和影音娱乐应用的快速发展，人们每天都会接触海量的图片和视频数据，这些视觉数据对存储设备的容量提出了更高的要求。个人存储设备的存储容量单位已经从MB（megabyte，兆字节），发展到GB（gigabyte，吉字节）（1 GB=1 024 MB），再到TB（terabyte，太字节）（1 TB=1 024 GB）。然而，一个未经处理的视频是非常庞大的。以一个分辨率为1 920×1 280，帧率30的视频为例，1 s中共有1 920×

1 280 × 30＝73 728 000个像素点，每个像素点是24 bit（比特），即1 s的视频大小约210 MB（1 MB ＝ 2^{23} bit），那么一部90 min的电影约是1 112 GB大小。现有的存储设备通常难以满足用户的使用需求，为有效存储海量的图像和视频等信息，降低存储成本，通常需要对这些数据进行编码压缩储存。在需要时，对压缩数据进行解码，就可以读取出原始图像和视频信息。

1. 图片编码压缩存储

对于图片数据，现有图像文件格式通常会对图片的文件大小进行不同程度的压缩。一种直观的图像编码方式是考虑图像像素之间的相关性。例如，一幅全红的图片只要存储一个像素数值即可，其余像素可记录为“同上”，从而大大减少储存开销。图片压缩通常可分为无损压缩和有损压缩。无损压缩是指在压缩文件大小的过程中，图片的信息没有丢失，可以从无损压缩图片中恢复原来图像。有损压缩是指在压缩文件的过程中，损失了一部分图片的信息，并且这种损失是不可逆的。JPG/JPEG（joint photographic experts group）是较为常见的有损压缩图像文件格式，它能通过损失极少的原始信息将图像所需存储开销减少至原大小的1/10甚至更小。有损压缩通常可以比无损压缩减少更多的储存成本，但是可能会导致图片质量差等问题，效果如图2–14所示。但有损压缩后的图片在很多场景中已经能够满足用户的观看需求，因此被广泛使用。

（a）原图

（b）JPEG有损压缩图

图2-14　原图和有损压缩图视觉效果对比

2. 视频编码压缩存储

视频编码则是为了压缩视频，让视频体积变小，从而有利于存储和传输。视频编码需要将视频数据中的冗余信息去除，主要包括空间冗余和时间冗余。空间冗余指的是同一帧图像像素之间的相关性过高，它和图像压缩原理基本一致。而时间冗余则是指连续视频帧之间的相关性。例如，在共25帧的1 s视频中画面静止不动，或其中20帧图像的大部分区域没有发生变化，那么编码压缩过程中只需要存储第一帧的信息和后续帧与前面帧之间的差异信息（即物体的运动信息），即可通过复制等方法获得后续的帧，进而节省这部分画面的存储开销。目前常用的视频编码压缩方法有H.264、H.265等，其中H.264能够将视频压缩到原始文件的1/100甚至更小。

3. 三维数据压缩存储

随着三维传感器和自动驾驶等技术的普遍应用，三维数据的数据量也急速增长，因此同样需要进行压缩存储以减少存储成本。以三维视频数据为例，假设其1 s共保存30帧三维点云数据，每帧共70万个点，那么该原始视频的1 s就需要大约500 MB的存储空间。三维点云数据压缩，可以将三维点云数据投影到二维空间，即将点云投影成二维图像或视频，然后使用二维数据压缩方法对其进行压缩，这种方法同样可以实现数百倍的压缩效率。

三、基本的图像处理任务

之前的章节介绍了数字图像的获取，但是获取的图像受环境影响，质量上存在很多瑕疵，所以需要进一步处理和优化。图像处理的目的是消除图像中无关的信息，恢复有用的真实信息并增强有关信息的可检测性，从而改进特征抽取、图像分割、匹配和识别的可靠性。本节将介绍基础的图像处理算法，如图像去噪、图像增强和高动态成像等。

（一）图像去噪

在图像的采集和传输过程中，干扰信号普遍存在，这些干扰信号会降低图像的质量并干扰后续图像处理流程，因此被称为“噪声”。图像去噪就是要去除图像中这些不必要的信号，提高图像的质量，更好地进行下一步图像处理操作。去噪是图像处理的基础步骤，也是图像处理领域中重要的研究方向，如图2-15所示。

（a）图像去雨

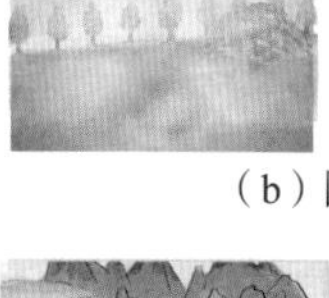 

（b）图像去雾

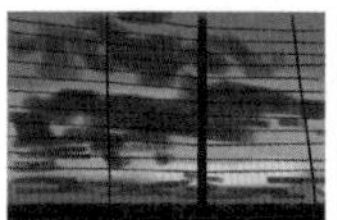 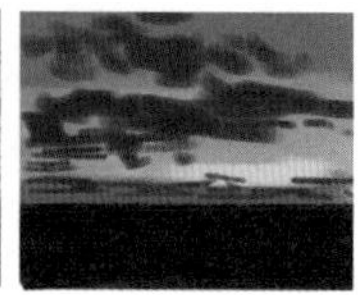

（c）图像去遮挡

（d）图像去文字

图2-15　图像去噪的应用场景举例

1. 图像去雨

图片成像经常受到恶劣天气的影响，比如雨天场景下拍摄，其成像质量就会显著下降，影响人们的观察以及机器视觉系统的检测与识别。因此，研究图像的去雨算法具有重要的应用价值。

2. 图像去雾

雾是在接近地球表面、大气中悬浮的由小水滴或冰晶组成的水汽凝结物。有雾的图像存在对比度低、饱和度低、细节丢失、颜色偏差等问题，严重影响对图像的分析，如分类、定位、检测、分割等。为解决此类问题，图像去雾算法应运而生，其核心思想为利用图像中剩余的信息估计出被掩盖的信息。

3. 图像去遮挡

去除前景遮挡即高效地分离重建相互重叠的多个物体，以便更好地识别远处的车辆、行人。分离重叠物体、去除前景遮挡，能够有效提升很多广泛应用的机器视觉任务的算法效果。因此，如何有效去除前景遮挡，重建清晰的背景图像成了一个极为重要并且富有意义的研究内容。

4. 图像去文字

图像去文字技术旨在从被文字（又被称为文字水印）污染的图片中恢复出原始图片，是图像处理的一种重要应用。随着互联网和大数据技术的快速发展，如何保护个人信息免受泄露引起人们的广泛关注，比如，隐去社交软件中的身份敏感信息和路标信息等。作为网络数据最常见的载体，图像的去文字水印技术在隐私保护、身份信息篡改等方面具有广泛的研究意义和应用前景。

（二）图像增强

图像增强的目的是提高图像的质量，比如提高图像的分辨率和清晰度。如图2-16所示，常见的图像增强包括图像超分辨率、图像去模糊、人像美颜和黑白图像上色等。

（a）图像超分辨率

（b）图像去模糊

（c）人物自动美颜

（d）黑白图像上色

图2-16　图像增强的应用场景举例

1. 图像超分辨率

图像超分辨率是指通过硬件或软件的方法提高原有图像的分辨率，是机器视觉和图像处理领域中一个极具挑战性的热门研究

课题。大多数成像设备会受到硬件、环境等多种因素的干扰，使得图像的分辨率并不能满足实际应用的需要。为了提高图像分辨率，研究者们尝试在不改变成像设备的前提下，利用图像处理、机器学习等算法将低分辨率图像重建为高分辨率图像[10]。

2. 图像去模糊

造成图像模糊的原因有很多，其中包括光学因素、大气因素、人工因素、技术因素等等。对图像进行去模糊操作有重要意义，例如在获取图像过程中，会因相机抖动、物体位移等原因导致图像产生运动模糊，无法正确传递信息，图像运动模糊还原技术可将此类退化图像修复还原，这可降低对拍摄技术的要求。

3. 图像自动美颜

自动美颜已经被广泛应用于直播等娱乐行业，当我们出现在镜头面前时，计算机算法就已经自动将采集到的人像进行了美颜处理，所以镜头里的人总是那么“完美”。自动美颜的核心是人脸关键点检测，即通过寻找脸部特征点来确定五官的精准位置。一般来说，定位的关键点数量越多，最终的美颜效果越好。原始人脸数据被上传至后台后，人脸检测技术会对原始的图像帧进行识别。眼睛、眉毛、T型区（即眼睛+鼻子构成的区域）、嘴巴、下巴会被依次识别，识别的数据被应用到具体的美颜算法中，对特定部位进行美化。

4. 黑白图像上色

老照片承载着过去的情感与回忆，但是由于拍摄年代较早、硬件简陋，很多老照片是没有颜色的黑白照片，人们对还原照片当时场景的绚丽色彩充满期望。随着科学技术的发展尤其是深度学习的进步，将黑白老照片修复成彩色照片已成为可能。黑白图像上色的核心是训练深度学习模型学习色彩的规律，让模型能够根据纹理猜到正确的图像色彩。经过有效的训练，深度学习算法可以根据图像的内容自动估计出每个像素点的RBG通道值，从而输出一幅幅彩色的图像。

（三）高动态成像

如果一个场景既有非常明亮的物体，也有非常黑暗的物体，亮度跨度很大，就可以称之为“高动态范围”场景。具体来说，只要比传统照相机可拍摄的像素范围高就是高动态成像。所谓高动态成像技术就是生成高动态范围的图像以及让显示器显示高动态范围图像的技术。图2–17所示的场景中，前景是非常明亮的建筑，背景是昏暗的建筑与天空。人眼在看到这个场景的时候，会不停地根据视线的焦点来改变模式，从而获取更全面的场景信息，但是照相机无法自动做到这种改变。图2–17展示了在四种不同的曝光模式下得到的照片，都不太令人满意，要么就是缺少前景的细节信息，要么就是缺少背景的细节信息。要是我们可以把四张照片合在一起，融合每一张细节表现最好的部分，去掉表现不好的部分，就能获得一张能够同时表现出所有细节的图像了。

图2–17　不同曝光模式下的成像结果

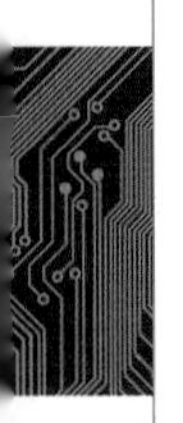

四、前沿视觉系统

（一）数字视网膜

智慧城市运用大数据、云计算、人工智能等技术对数据整合和分析，以实现城市精细化管理。视频监控技术是建设智慧城市的重要支撑，但是当前的视频监控技术仍采用“一机一流”的框架，即每个摄像头只为一个目的而设计（例如人脸采集、交通流监控、车辆牌照识别或交通违法检测），摄像头采集到的图像和视频压缩后传到后端服务器进行数据分析或者人工监控[11]。数据压缩必然导致了数据分析性能的下降，过度的视频压缩甚至会严重影响分析识别的精度。为解决上述问题，有科学家提出了数字视网膜架构，这种架构采用“一机三流”的模式，“三流”包括特征流、模型流和视频流，如图2-18所示。

数字视网膜是基于相机、边端服务器和云服务器的高效智能化系统，充分利用相机、边端服务器以及云服务器的计算能力，从而有效减少计算开销和提高计算效率。智能类视网膜相机产生两个流，一个是视频压缩流，用于在线/离线视频的观看和数据存储，另一个是从原始图像、视频中提取的紧凑特征流，用于视觉分析和识别。视觉传感器采集图像和视频之后进行编码和特征提取，通过视频压缩流和紧凑特征流传输到后端服务器进行大数据分析或者人工监控。在后端服务器中可以利用这些数据训练神经网络，然后通过模型流将学习到的模型传送给前端设备进行更

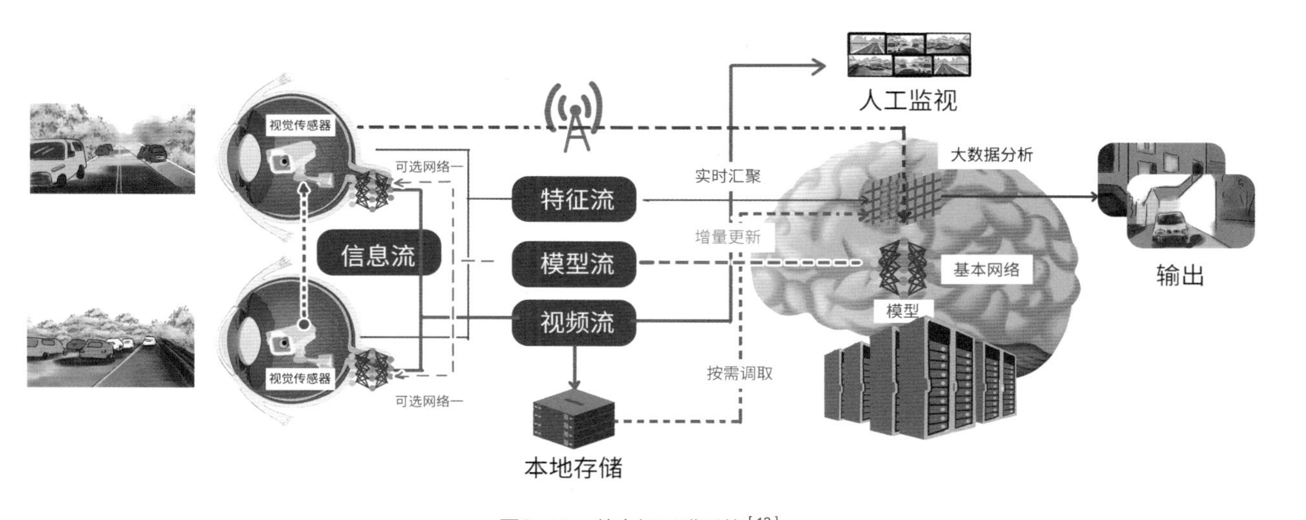

图2-18 数字视网膜系统[12]

新，提高特征提取的准确性和视频编码的效率。

（二）荧光成像系统

荧光成像技术为生物医学观察和诊断提供了有力支持。荧光成像系统利用荧光标记试剂或荧光抗体对细胞或者蛋白质进行标记，标记物受外界能量激发后发出荧光，经光学设备检测形成图像，如图2-19所示。通过荧光成像系统，研究人员可以在分子水平观察动物体内肿瘤的生长和转移、被感染后疾病的发展过程、特定基因的表达过程、药物的生效过程等。

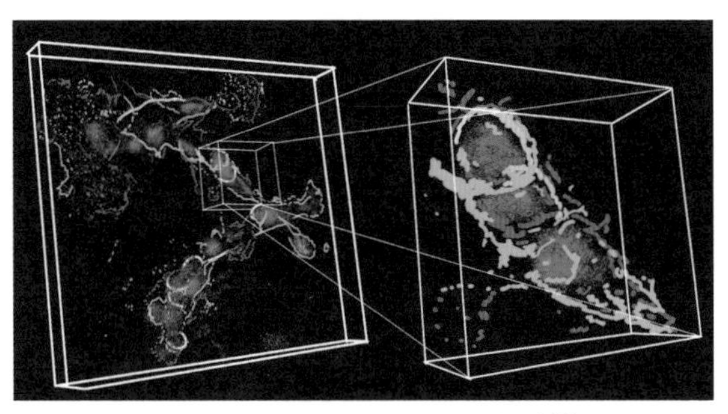

图2-19　动物细胞荧光成像图片[13]

有科学家提出了一种带有数字自适应光学（digital adaptive optics，DAO）计算框架的扫描光场显微镜（scanning light-field microscopy，sLFM）方法，该方法允许用一个简单的紧凑型系统在哺乳动物中以ms为单位进行长达1 h的三维亚细胞成像，如图2-19所示。

（三）黑洞成像原理

2019年科学家们公布了第一张黑洞图像，如图2-20所示。科学家是如何拍到黑洞的？由于黑洞极强的引力，周围恒星物质会被旋转吸入黑洞，这个过程中物质间摩擦产生大量热量，这些热量以无线电波形式向外辐射。科学家通过1.3 mm波射电望远镜接收这些信号后处理成黑洞图像。但是黑洞距离地球很远，理论上需要建造和地球大小相等的望远镜才能清晰成像，现实中并不能实现。

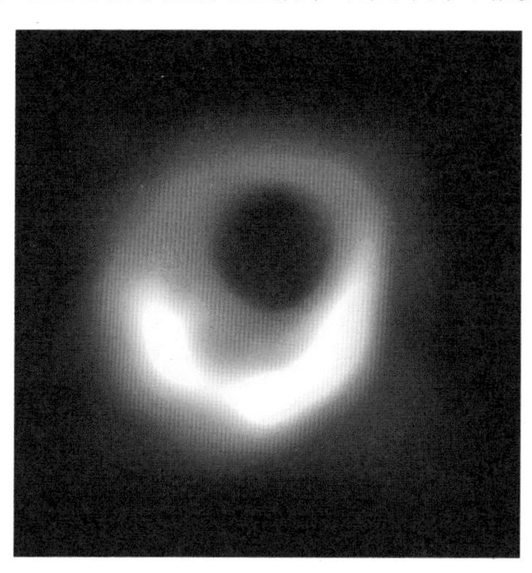

图2-20　M87黑洞图像

为了解决这一问题，科学家们提出利用多个小镜片组成望远镜系统，这一系统可以等效于和地球同等大小的望远镜。其中，每一面小镜片都代表一台现有的天文望远镜，每一台天文望远镜可以获取黑洞的部分信息，那么理论上汇总全部信息即可生成清晰的黑洞图片。然而，几面镜片的信息远远不够，因此科学家利用地球旋转使镜片位置改变，从而有效增加了信息来源。在5天的时间内，科学家们从全球各地的8个射电望远镜处收集了1 500 TB数据，分别传送到麻省理工学院和马普研究所进行模型训练和图像重构，最终获得黑洞图像[14]。

第三章

看得懂：视觉内容的表示与理解

一、视觉理解的内涵与难点

视觉理解是我们人类了解、认识世界的重要能力。由第一章可知，人类视觉理解是眼睛到视皮层协同合作的视觉信息处理过程。机器视觉理解的本质是通过算法模拟人类视觉系统的工作机制，形成对视觉内容的理解。机器与人类视觉理解的主要区别如下：

（1）视觉内容的输入形式不同。人类通过视网膜接收可见光，将光信号转化为电信号送入大脑中的视皮层进行处理。机器视觉的输入形式则为像素矩阵，并且以此形式存储图像和视频。图3-1展示了一幅美国总统亚伯拉罕·林肯的低分辨率图片及其对应的像素矩阵，图片由数字0到255的像素矩阵组成，矩阵内的数字表示像素的灰度值。

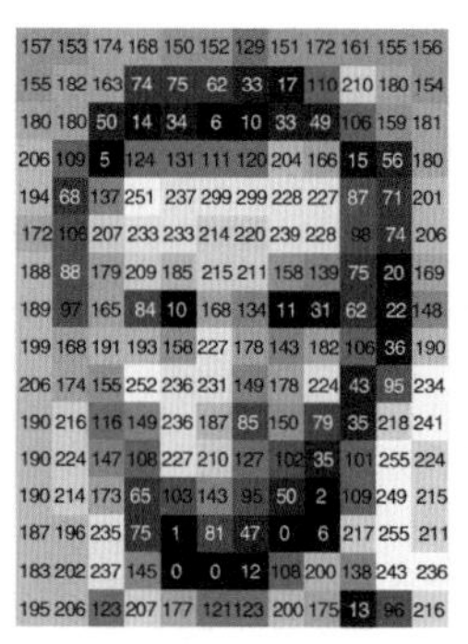

157	153	174	168	150	152	129	151	172	161	155	156
155	182	163	74	75	62	33	17	110	210	180	154
180	180	50	14	34	6	10	33	49	106	159	181
206	109	5	124	131	111	120	204	166	15	56	180
194	68	137	251	237	299	299	228	227	87	71	201
172	106	207	233	233	214	220	239	228	98	74	206
188	88	179	209	185	215	211	158	139	75	20	169
189	97	165	84	10	168	134	11	31	62	22	148
199	168	191	193	158	227	178	143	182	106	36	190
206	174	155	252	236	231	149	178	224	43	95	234
190	216	116	149	236	187	85	150	79	35	218	241
190	224	147	108	227	210	127	102	35	101	255	224
190	214	173	65	103	143	95	50	2	109	249	215
187	196	235	75	1	81	47	0	6	217	255	211
183	202	237	145	0	0	12	108	200	138	243	236
195	206	123	207	177	121	123	200	175	13	96	216

图3-1　亚伯拉罕·林肯的低分辨率图片（左）及其对应的像素矩阵（中、右）[15]

（2）视觉内容的处理形式不同。人类通过视皮层处理视觉信号，借助初级到高级视皮层的一系列协作以形成视觉理解。机器则通过视觉算法解析像素矩阵以完成视觉理解任务。

然而，如何让机器准确理解视觉内容还存在不少的困难。机器视觉理解的难点可分为两个层面，一是视觉内容本身存在理解的困难，二是机器视觉技术的现实应用存在的挑战。视觉内容本身存在理解的困难总结如下[16]：

（1）类内差别：同一类物体风格迥异，同一个物体也有不同姿态，例如图3-2（a）中3张子图中的椅子颜色、形状、摆放方式不同，但都可以定义为椅子，这意味着机器需要理解多样化的数据才能作出准确的识别。

（2）类间模糊：不同类型的物体具有一定的相似性，使得机器难以准确区分这些物体，比如图3-2（b）的狼和哈士奇，仅从外观上较难区分二者。

（3）噪声影响：由于不同的光照、拍摄角度、相机分辨率、背景等因素，使得输入到机器的图像或视频内容具有一定的差异性。图3-2（c）展示了不同光照环境下拍摄的相同椅子的图像。

图3-2　视觉理解存在困难与挑战的例子

此外，应用机器视觉技术也存在挑战：

（1）信息冗余：图像数据在机器中的存储形式是像素矩阵，单个像素缺乏语义解释，机器难以直接理解像素信息，需要提取与任务相关的视觉特征。然而像素间存在复杂的相关关系，且存在大量信息冗余，如图3-2（d）所示，即使遮掩部分像素，人类仍然可以判断图片中的物体为热气球，说明人类可在冗余信息中有效提取视觉特征。但对机器而言，如何从冗余的高维图像特征空间中提取合适的低维特征，却面临较大的挑战。

（2）计算量大：机器进行视觉处理的计算量大，以分辨率为1 920 × 1 080的彩色图片为例，所含的像素数量超过620万，完成视觉理解任务所需要的计算量远远超过620万。如何降低机器完成视觉理解任务的计算量具有一定的挑战性，也是未来的趋势所在。

（3）注意力问题：视觉信息繁多，但是与视觉理解任务相关的信息往往集中在局部区域。比如，在人脸识别中，人类往往关注眼、鼻、口等器官的形状信息和相对位置，而不会在意头发、穿着等信息，然而，机器很难注意到哪些是任务相关的区域。例如，图3-2（e）展示了一幅猫的图片，在识别猫眼颜色的任务中，如何让机器的“注意力”如图3-2（e）右侧热力图这般关注到猫的眼睛，以提升视觉理解的准确性，是目前的挑战所在。

为应对上述挑战，研究人员设计了多种视觉算法来解析像素矩阵，这些算法可用统一的流程来表示，如图3-3所示。为“看懂”图像，机器需要对像素矩阵进行两个阶段的处理：第一阶段是特征提取，原始的图像矩阵中包含大量信息冗余和噪声，需要将像素矩阵中与任务相关的视觉信息提取为特征向量；第二阶段是特征映射，即利用特定的视觉理解模型将特征向量映射成目标输出，以完成相应的视觉理解任务。典型的视觉任务包括图片分类、语义分割、目标检测和目标跟踪等。

其中，图像分类任务是根据给定图像内容预测出类别标签[17]，图3–3（a）展示了机器对输入图片预测的类别为轿车和行人；语义分割任务的目的则是在分割图像的同时获得图像的所有分割区域甚至每个像素的语义类别，图3–3（b）将图片中的轿车和行人区域标记为不同的颜色，代表不同的语义区域；目标检测任务则是需要对一张图片中的多个物体进行识别和定位[18]，图3–3（c）给出目标检测的例子，输入图片中轿车和行人的定位框和类别已被检测出来；目标跟踪任务是预测一段视频中特定目标的运动轨迹，它等价于针对连续图像帧的目标检测和匹配问题[19]，图3–3（d）标记了输入图片中行人的位置以及过去图像帧中行人的运动轨迹。

二、视觉特征表示

在上一节我们提到，想让机器理解图像的内容，需要对高维的像素矩阵进行处理。然而，高维数据存在信息冗余等问题，并且往往需要大量的计算，给机器视觉理解带来了极大的困扰。为应对上述挑战，研究人员们聚焦如何将原始的图像表示为较低维

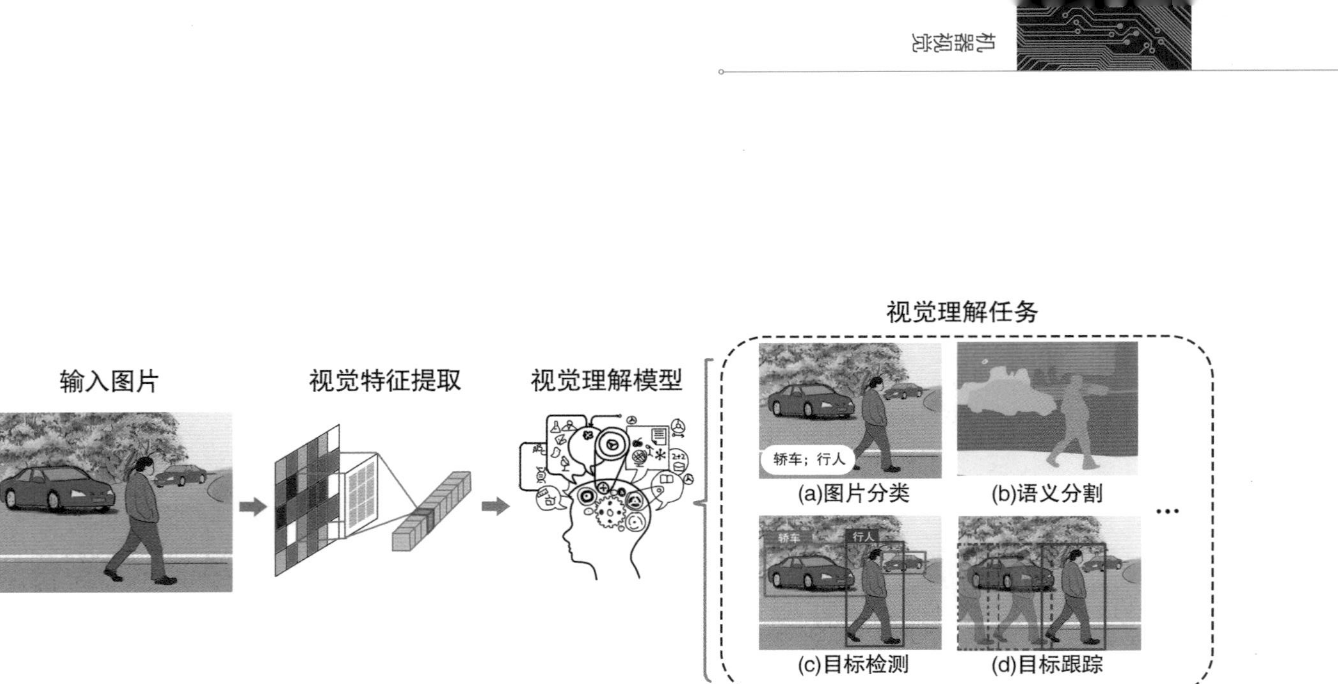

图3-3　机器视觉理解流程

度的、机器易于理解的视觉特征。

通常来说，数据特征的选择在很大程度上决定了一个模型的性能高低。美国计算机科学家Bengio曾经指出，好的特征表示主要有以下几个特点：（1）包含数据的本质信息；（2）具有较低的维度；（3）信息冗余性低；（4）与目标输出具有较强的关联性[20]。视觉特征表示技术的发展大致可以分为两个阶段——传统人工特征表示方法和基于深度学习的特征表示方法。

（一）传统视觉特征的提取方法

传统的视觉特征表示以手工设计的特征为主，例如Sobel特征、Haar特征、Hog特征、SIFT特征等。其中，Sobel特征用来检测图像的竖直或水平边缘，Haar特征用来反映图像的灰度变化，Hog特征用来统计图像局部区域的梯度方向，SIFT特征则有着对旋转、缩放、亮度变化保持不变性的特征。这些手工特征涉及图像中的线条、明暗、纹理等重要信息，正是模型的设计者根据自己的经验和领域知识，手动地筛选特征并组织到机器学习模型中去。如图3-4所示，传统的机器学习将输入图像通过特征工程得到特征向量，接着将特征向量输入到传统机器学习模型中训练，模型的训练过程则可以理解为对特征映射的学习过程。在预测过程中，训练好的模型将特征空间中的不同区域映射到标签集合元素上，图中的例子即为识别人脸为爱因斯坦的概率。

传统的机器学习中很大一部分工作都在进行特征的挖掘、抽取和选择，这些工作的结果可以支持有效的数据表征。而由于设计人员本身了解这些被定义特征的具体含义，传统机器学习方法

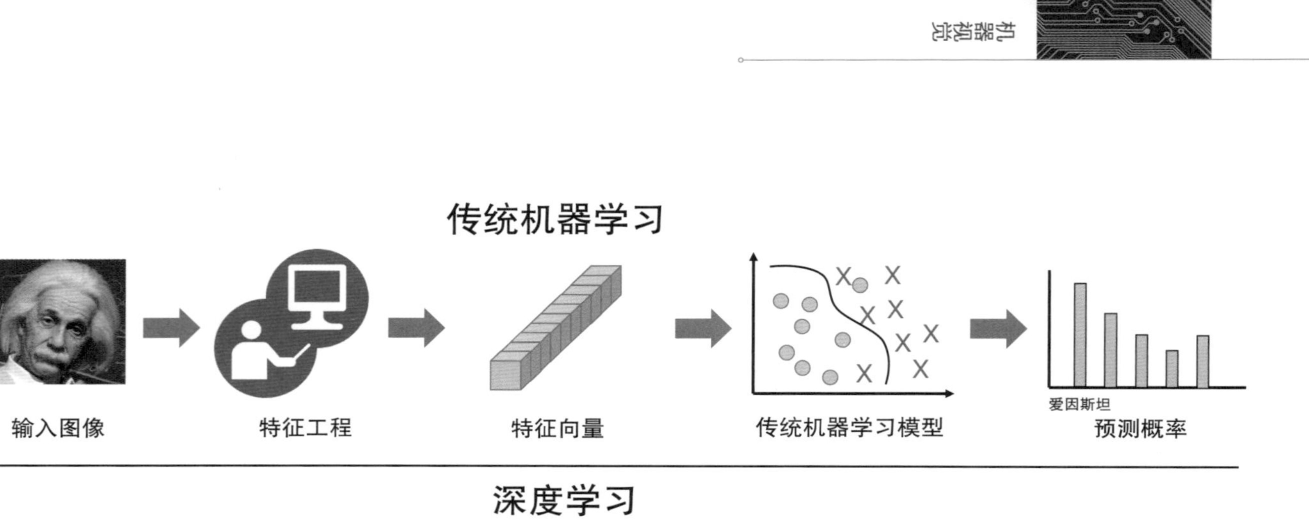

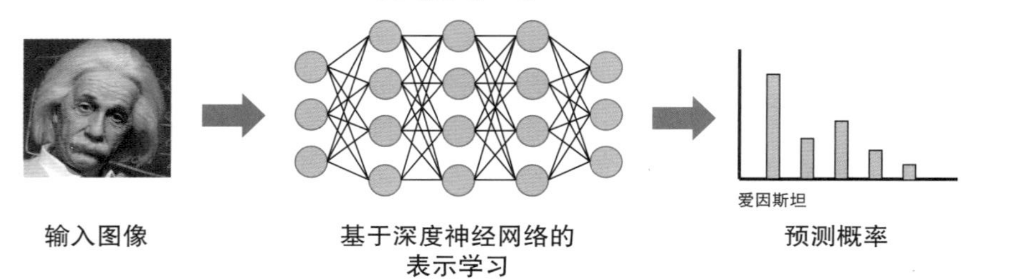

图3-4　传统人工特征表示方法和基于深度学习的特征表示方法

的特征表示一般具有良好的可解释性，人们大致明白算法对各种特征的依赖以及算法的决策依据[21]。然而，传统方法的本质在于将人的先验知识转化为可以被机器学习识别的特征，就难免会受到人类已有知识的限制甚至是误导，存在对视觉信息挖掘不充分、特征结构复杂等缺陷。由此，基于深度学习的特征表示方法应运而生。

（二）基于深度学习的视觉特征表示

相较于传统机器学习算法，基于深度学习的特征表示方法通过深度神经网络，可以对输入数据进行自动特征提取及分布式表示，从而解决了人工特征提取的难题。这一优势使其能够学习到更加丰富完善且含有大量深层语义信息的特征及特征组合，在性能表现上可以超过大多数传统机器学习方法。这种自动的特征提取本质上是通过更深层的神经网络来学习输入数据的高效特征表示，从而自动地剔除冗余信息，提炼有效信息，特征提取模块的优化过程类似于机器学习。如图3-4中所示，深度神经网络同时整合了特征提取和特征映射模块。为了区别于传统的特征提取方法，我们将这一过程称为表示学习（representation learning）。

在深度学习算法中，最具代表性的方法要数卷积神经网络（convolutional neural network，CNN）了。与传统的神经网络不同，CNN在设计上借鉴了眼睛的视觉机理，这使得它格外地适合视觉任务中的特征学习工作。为了更好地理解CNN的原理，我们不妨先回顾一下人类视觉。视网膜上进行光电信号转换的视锥、视杆细胞只是集中在视网膜中央，也就是说，同一个时刻内

我们能“看清”的，仅仅是图像的局部，通过眼睛的不断移动，我们才得以一览全貌。对应在卷积神经网络中，这便是局部连接与权值共享的思想。考虑到在图像的某一区域中，像素间的相关性往往随着距离的增加而减弱，因此CNN选择使用卷积核（通常是维度为3×3或5×5的小矩阵）与局部的图像进行逐像素的乘积并求和，以提取局部特征，如图3–5所示。通过卷积核的滑动遍历图像重复执行乘积求和，以生成全局的特征图，这一过程就叫作“卷积”。使用同一卷积核可以在图像的不同区域检测相同类型的特征，不同类型的特征对应不同的卷积核，这样的设计可以大幅减少参数数量，从而加快模型学习的效率。在此基础上，逐步被引入的正则化约束和注意力机制等方法也使得卷积神经网络能够在处理受到背景变化、遮挡、光照等因素影响的输入图像时取得一致性的优异性能。

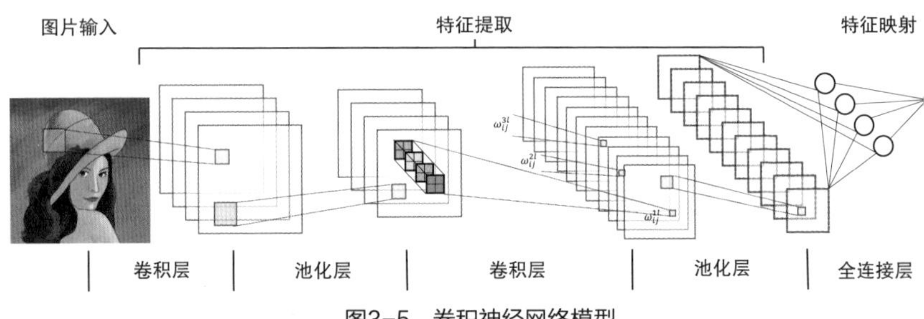

图3–5 卷积神经网络模型

然而，CNN这一优势的背后也存在着一定局限性[22]。一方面，人们至今无法较好地理解CNN内部知识表示及其准确的语义含义。即使是模型设计者也难以回答CNN到底学习到了哪些特征、特征的具体组织形式及不同特征的重要性度量等问题，导致CNN模型的诊断与优化成为经验性甚至盲目性的反复试探，这不仅影响了模型性能，还可能遗留潜在的漏洞。另一方面，基于CNN模型的现实应用在日常生活中已经大量部署，如人脸识别、行人检测和场景分割等，但对于一些风险承受能力较低的特殊行业，如医疗、金融、交通、军事等领域，可解释性和透明性问题成为其拓展和深入的重大阻碍。这些领域对CNN等深度学习模型有着强烈的现实需求，但受限于模型安全性与可解释性问题，目前仍无法大规模使用。此外，模型在实际中可能犯一些常识性错误，且无法提供错误原因，导致人们难以信任其决策。

三、视频内容分析与理解

视频是反映动态世界最直观的手段，也是海量大数据的主要来源。随着云计算和移动互联技术的发展，视频已成为信息的主要载体，并呈爆炸式增长，每分钟有大量的视频被上传到抖音、优酷等视频网站的服务器，网络直播、自动驾驶等应用场景也不断地产生海量视频。据思科估计，目前约有82%的互联网数据以视频的形式出现。面对这些快速增长的高通量的、非结构化的视频，准确和高效地分析和理解视频内容是大数据应用的关键，也是当前人工智能研究的热点和难点。

视频分析与理解是机器视觉领域的一个重要研究课题，旨在通过设计高效的视频特征提取与表示算法来分析与理解视频，此任务可由多种下游任务体现，本节重点介绍动作识别与动作定位两种主要的视频分析与理解任务。

（一）动作识别

动作识别是视频分析与理解的核心内容。动作识别的目标是识别出视频中出现的动作，通常是视频中人的动作，视频动作识别在现实世界中有许多应用，包括行为分析、视频检索、人机交互、游戏和娱乐等。如图3-6所示，动作识别任务需要识别出该视频片段的动作类别为打高尔夫球。

图3-6　动作识别示意图

视频区别于图像的一个重要特征是时序性，由一段时间内相关联的图像帧组合而成。动作识别旨在识别出这些帧构成的动作类别，不仅要分析每一帧的内容，还要推理出帧之间的关系。具体地，动作识别存在以下挑战：（1）标注数据困难。人类动作行为通常是复合概念，这些概念的层次结构并未被很好地定义，除此之外，数据标注需要大量的人工消耗并且难以决定动作的起始位置。（2）模型构建困难。捕捉人类行为的视频既有强烈的类别内部变化，也有类别间变化。首先，有些动作有相似的运动模式，彼此之间很难区分。其次，识别人类行为需要同时理解短期空间运动信息和长期时间信息，因此动作识别需要一个复杂的模型来处理不同的视频片段，而不是使用单一的卷积神经网络。最后，较高的训练和推理的计算成本也阻碍了动作识别模型的开发和部署。为解决上述挑战，深度学习学者们已创建10余种视频动作识别数据集[23]，并设计出诸多视频表征学习算法对动作特征进行提取及表示。

（二）动作定位

实际应用场景中常存在着海量未经剪辑的长视频，即视频中既包含有多个不同类别的动作片段，又包含与动作无关的背景片段，给动作识别带来巨大挑战。对此，研究人员逐步从动作识别转向动作定位进行拓展与研究。动作定位需要在给定的视频中检测出每一个动作实例的起止时间并识别动作的类别（图3-7中定位出动作的起止时间并且识别类别为撑竿跳高），此任务是监控视频分析、视频检索、视频问答等视频分析任务的基础。时序动作定位非常贴近我们的生活，它具有广泛的应用前景和社会价值。

图3-7　动作定位示意图

相比于动作识别，动作定位更具挑战性。动作识别和动作定位之间的关系类似于图像识别和图像检测，但是由于视频包含时间序列信息，时间上的动作定位比图像检测更加困难。具体地，动作定位存在三大挑战：（1）时间信息。视频含有一维时间序列信息，因此动作定位不能仅使用静态图像信息，还需结合时间序列信息进行判断。（2）边界模糊。视频动作的边界往往比较模糊，而图像检测中的目标边框通常较为清晰。（3）时间跨度大。不同的动作片段的时间跨度非常大，例如挥手的几秒钟与骑自行车的数十分钟，因此动作定位算法需要适应多种时间跨度的动作。基于此，深度学习学者们从目标检测中借鉴思路解决动作定位问题，提出了滑窗法、候选时序区间等算法。

四、视觉内容生成技术

在我们的日常生活中，视觉内容的生成其实并不陌生。一幅笔触精妙的画作、一部引人入胜的电影，甚至是一张记录自己生活点滴的照片，都是我们习以为常的视觉作品，是创作者们“生成”的视觉内容。在这些场景中，视觉内容的生成者们在自己的脑海中构想出纷繁复杂的场景或视觉效果，并人为地通过各种创作手法将它们呈现出来。

这样一个颇具创造性的过程，可否通过机器来实现呢？这就是本节将要讲到的视觉内容生成技术。深度视觉生成是机器视觉领域的一个重要研究方向，它的具体任务是根据特定的输入（例如随机噪声、文本、图像和视频等）生成与目标分布相匹配的图像或视频，从而可以实现对图像和视频的生成、美化、渲染和重建等操作[24]。如图3-8所示，视觉生成模型可以将照片转化成诸如插画、油画、水墨画等不同的风格，同时基本保留原图的描绘内容。目前，视觉生成技术早已被广泛地应用在老电影着色、破损照片修复、时尚设计、广告生成等视觉设计领域中，大幅减少了重复性的人工劳动。

原图

插画风格

图3-8 图像风格迁移

深度视觉生成技术的价值远远不止于此，在那些工作量巨大、人类艺术家们难以涉足的领域，视觉生成技术同样发挥着至

关重要的作用。例如，在医学图像分析领域，可以通过视觉生成实现医学图像的生成、分割、重构、检测、去噪、配准和分类等工作，对疾病的发现和诊治帮助颇多。

深度视觉生成的目标是生成尽可能符合真实感受的数据，其关键在于构造有效的生成模型。在本节中，我们将介绍两种经典的生成模型：变分自编码器（variational auto-encoder，VAE）和生成对抗网络（generative adversarial networks，GAN）。

变分自编码器是基于编码器（encoder）和解码器（decoder）结构的一种经典深度视觉生成模型。如图3-9所示，在生成过程中，变分自编码器首先使用自动编码器将原始图像编码成潜变量（latent variable）的概率分布，并在假设该变量符合正态分布的基础上计算其平均值和标准偏差，然后从正态分布中采样并使用解码器生成图像。VAE具有训练快、稳定等优势，广泛应用于数据降维和数据生成等方面，但是它强制地将数据拟合到有限维度的预设分布上，两个分布的不匹配会导致VAE生成的图像不够清晰，限制了其应用范围。

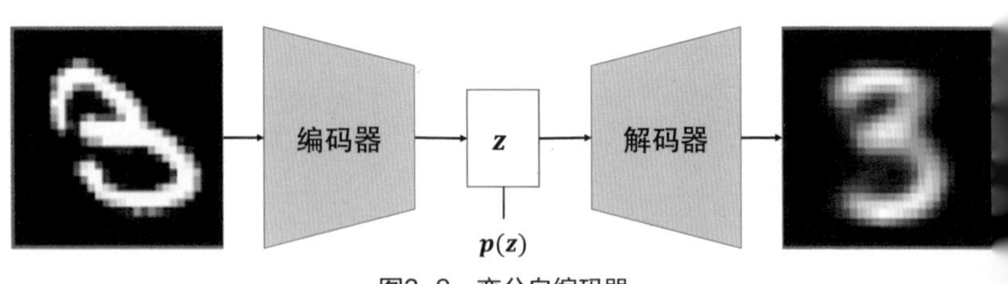

图3-9　变分自编码器

生成对抗网络则是使用神经网络学习输入和输出分布之间的映射，能够生成更逼真、质量更高的视觉数据。如图3-10所示，GAN模型由生成器（generator）和判别器（discriminator）

构成，生成器利用输入噪声生成伪造数据，判别器用来区分伪造数据和真实数据，利用对抗博弈的思想进行优化——更好的生成器可以促使判别器优化，而更强的判别器则能促使生成器优化，二者博弈直至生成器能生成具备真实性和多样性的数据。相比于VAE，GAN的使用更加灵活，应用范围更广，但是也存在生成图像清晰度有限、多样性不足、生成可控性差等问题。

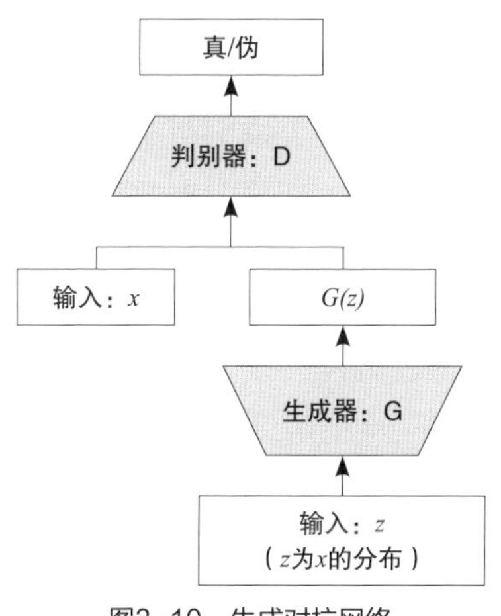

图3-10　生成对抗网络

上面的两种原始方法存在着各自的优势和一些不足之处，它们还都只能从噪声（正态分布）中生成图像，在实际应用中有很大的局限性。经过多年的发展，研究人员对生成对抗网络模型提出了许多改进方案，使其能够覆盖众多任务。典型的任务包括从噪声生成图像、从图像生成图像、从文本生成图像、从图像生成视频、从视频生成视频、从文本生成视频等。

深度视觉生成技术发展至今，已经在多个领域实现了落地应用，并且创造出巨大的实用价值，然而，机器生成的图像或视频

依然无法与人类的视觉认知达成高度一致，这也表明存在着许多亟待解决的挑战。同时，这些挑战也向我们指明了视觉内容生成未来的发展趋势。

首先是三维深度图像的生成。毫无疑问，在三维的现实世界中，带有深度信息的图像能够更加真实地反映实际事物和人眼的视觉感受，如图3-11。在诸如人脸3D建模、虚拟现实、游戏行业和设计行业等三维应用场景中，如何从2D图像或文本等数据中构建出深度信息并进行真实准确的三维建模至关重要。如图3-11所示，三维深度图像算法能够根据输入的一段房屋设计的描述文本，对应生成三维房屋模型，极大提高了房屋设计的效率。

这间房屋有两间卧室、一个卫生间、一个阳台、一个客厅和一个厨房。卧室2位于西南部，有20m²。卧室2地板为白木贴面，墙壁为蓝色墙布……客厅紧邻卧室1。卧室1紧邻阳台。

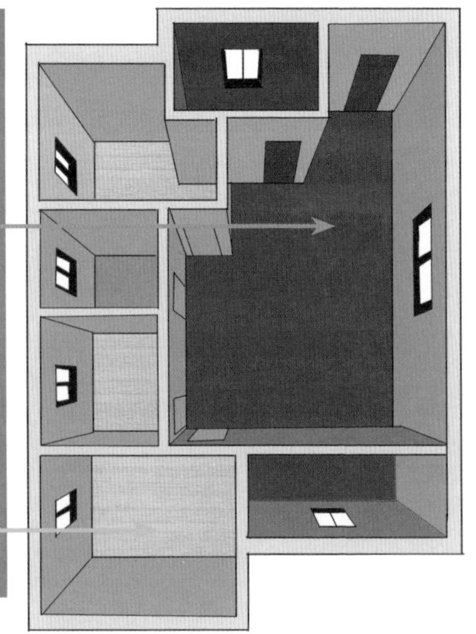

图3-11　三维生成模型

其次是高质量视频的生成。在如今的互联网中，视频已经取代静态图片成为信息的主要载体，其本身也是反映动态世界的最直观手段。而相对于文本、语音、图像等数据，视频数据的维度更高、内容更复杂，如何充分获取时间维度的信息，让视频更加流畅、真实是视频生成的关键问题。如图3-12所示，现有视觉模型能够从骨架关键点动作视频生成真人视频。在生成过程中，生成视频前后帧的连续性通常很难保证，且数据缺乏以及模型泛化能力差的问题也同时存在。为解决以上问题，视觉模型需要捕捉如光流、人体骨骼关键点等信息，并有效利用已生成的视频帧，生成连贯且高质量的视频。

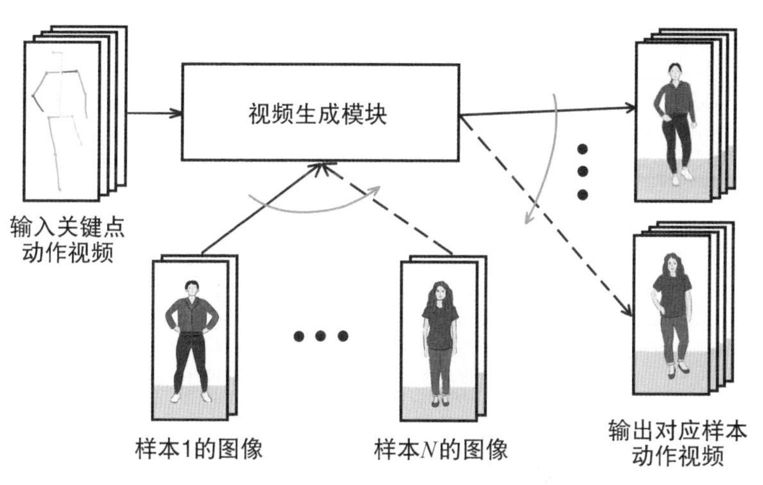

图3-12 视频生成模型

最后是由随机生成到可控生成。现实世界中的人类创作者们都可以根据自己的思想，随心所欲地创作出期望的视觉内容，整个生成过程是可控的，如图3-13。而现有的深度生成模型则大

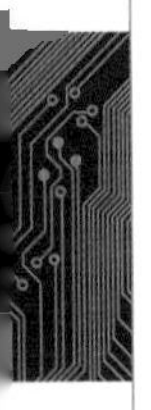

多只能随机生成，难以应用于对可控性和生成细节要求高的任务中。因此，设计可控的深度视觉生成模型十分具有挑战性。为可控生成所需的视觉内容，研究者们借助参考图像、参考文本辅助的方式设计了一系列可控深度视觉生成方法。如图3-13所示，用户可指定生成人类的姿态和属性，可控生成模型通过捕捉姿态编码信息和人物属性编码信息，生成对应属性状态下的人物图像。而在图3-14中所展示的最新可控生成模型中，仅仅依靠简单的文字就可以生成所需风格的精致图像，生成过程的可控性和作品质量都更上一层楼。

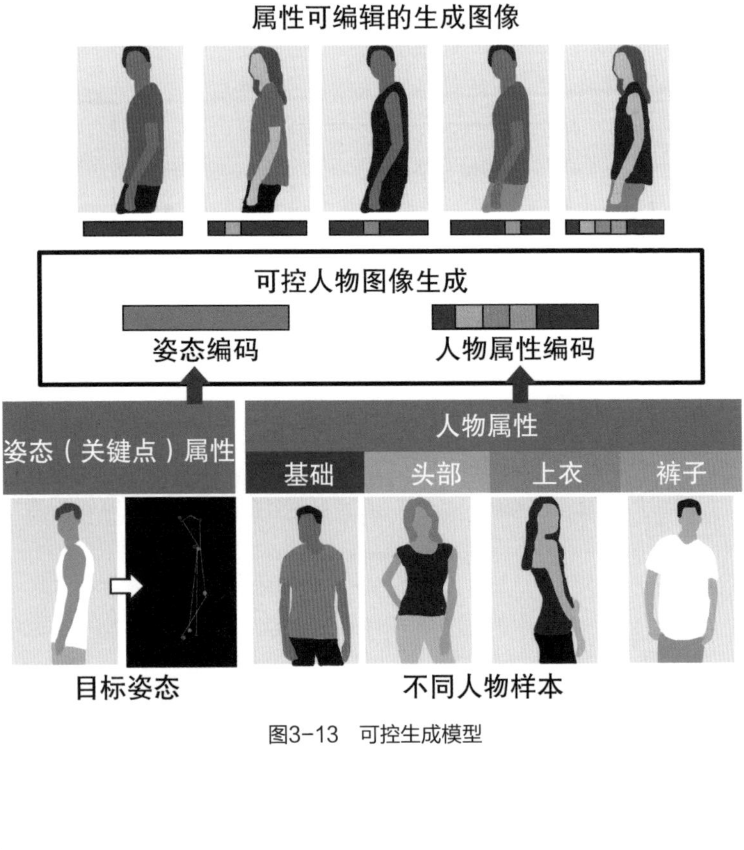

图3-13　可控生成模型

提示词：

东临碣石
以观沧海
波涛汹涌
插画

图3-14　由文本生成图像

第四章

看得全：立体视觉感知与理解

一、三维感知技术

随着智能制造、航天航空和智能驾驶等领域日渐精细化、智能化，三维测量技术在各行各业的重要性越发凸显。如何快速、精确和完整地获取物体的三维形貌数据日益成为人们研究的热点及难点。根据测量系统是否需要接触待测物体，三维测量可分为接触式测量和非接触式测量两大类。其中，接触式测量的典型代表是三坐标测量机（coordinate measuring machine，CMM），它通过接触式探头沿着被测物表面移动来获得物体表面形状。这种方法虽然可以达到较高精度，但是尖锐的探头可能会对待测物体造成损伤，且无法测量柔软物体；而非接触式测量主要以三维视觉测量为主要代表，有效避免了接触式测量存在的诸多缺陷，广泛应用于科学研究、医学诊断、逆向工程、刑事侦查、在线检测、质量控制、智慧城市和高端装备制造等领域[25]1485。根据是否需要主动发射信号，三维视觉测量可分为被动式测量和主动式测量。其中，被动式测量方法主要包括单目测量和双目立体视觉；而主动式测量方法主要包括结构光法（structured light）和飞行时间法（time of flight）。

（一）被动式测量

1. 单目测量

单目三维视觉测量方法主要有从聚焦恢复深度（shape from

focus，SFF）、即时定位与地图重建（simultaneous localization and mapping，SLAM）和从运动恢复结构（structure from motion，SFM）等。SFF方法通过分析每个像素位置的对焦程度计算深度信息，多用于显微三维视觉测量领域。SLAM和SFM方法的原理相似，首先利用序列图像帧间的运动估计出相机相对于场景的位置和拍摄角度信息，然后采用三角测量法来恢复场景的三维信息[25] 1485。

2. 双目测量

双目立体视觉方法和人眼类似，利用两个相机从不同位置分别拍摄一张图片，通过特征点匹配的方式在两幅图片中寻找同名点，再根据三角测量的原理获取三维信息，其原理如图4-1所示。

双目立体测量结构简单，易于搭建和部署，并且具备室外场景成像的能力。然而在实际应用中，当待测物体如白色墙面和纯色地板这样表面纹理较弱，或者受到遮挡、阴影的影响，双目立体测量难以建立有效的匹配关系，因此无法准确重建三维信息。

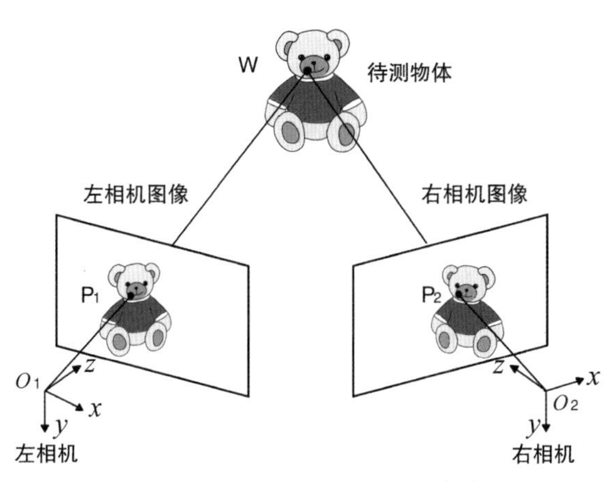

图4-1　双目立体视觉测距原理[26]

（二）主动式测量

主动式测量需要主动向待测物体发射信号，通过采集返回信号恢复三维信息。主动式测量方法不依赖于物体表面的纹理信息进行匹配，因此可以有效解决纹理缺乏场景下的三维测量问题。

1. 结构光法

结构光法，顾名思义，就是借助光源（数字光投影仪或光栅）投影结构化的图案到待测物表面，通过观察图案的形变，并结合光源和相机的几何关系计算待测物形状。一个典型的结构光系统如图4–2所示，本质上是对双目立体视觉法的改进，将其中一个相机替换成主动投影光源。投影光源具有和相机类似的光学结构，可以将特定图像主动投影到待测物表面，因此可视为“逆相机”。与其他方法相比，结构光法在精度、稳定性等方面具备显著优势，因此成为高精度三维测量的首选方法。根据编码方式的不同，结构光又可分为散斑结构光、条纹结构光等。

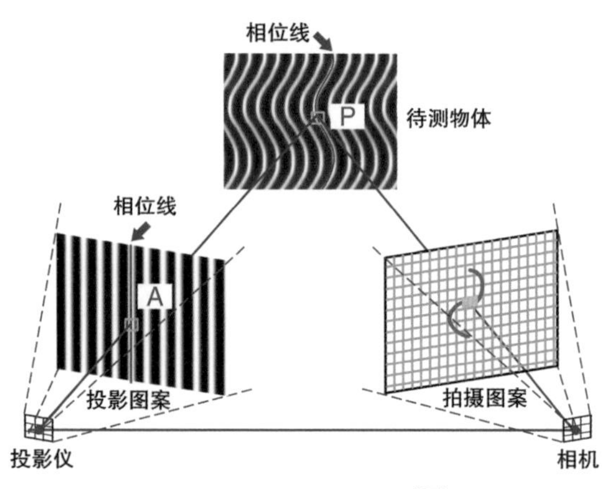

图4–2 典型结构光系统[27]

散斑结构光。该方法投射的图案为随机散斑，通过相机拍摄被物体形状调制过的散斑图像，与原始散斑图进行匹配并得到准确的亚像素对应点，再利用三角测量原理重建出物体的三维形貌。典型的散斑图案如图4-3（a）所示，散斑结构光法仅需单帧图像即可重建三维信息，在采集速度和测量范围等方面具有优势，因此在消费电子领域备受青睐。然而，该方法在搜索对应点的过程中计算量庞大，并且空间分辨率相对较低，不适合高分辨、高精度的三维测量场景。

正弦条纹结构光。该方法的流程是投影正弦条纹到待测物表面，通过相机拍摄形变后的条纹并提取正弦相位信息，根据相位信息寻找投影仪编码图案的对应点，从而求解三维信息。典型的正弦图案如图4-3（b）所示，根据相位提取原理的不同，又分为傅里叶变换轮廓术（Fourier transform profilometry，FTP）和相移轮廓法（phase shifting profilometry，PSP）。FTP方法仅需1张图像即可恢复相位，而PSP方法需要拍摄至少3张图像。

二值条纹结构光。该方法投影一系列明暗交替的二值条纹，典型的二值条纹图案如图4-3（c）所示。相机拍摄形变条纹后，先通过选定合适的阈值进行二值化，得到01编码，通过解码一系列宽度不一的二值条纹，即可求得每个相机像素与投影像素的匹配关系，从而恢复三维信息。根据编码和解码原理不同，常见的二值条纹编码形式可分为简单二值编码和格雷编码。

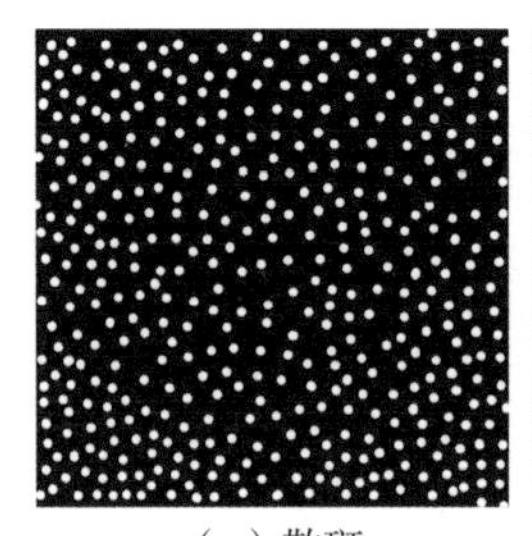
（a）散斑

（b）正弦条纹

（c）二值条纹

图4-3 常见的结构光图案

2. 飞行时间法

飞行时间法是一种通过向待测物体主动发射光信号，利用光信号在光源和待测物体之间往返的时间差来计算距离的主动式测量方法。飞行时间法原理简单，可避免阴影和遮挡带来的问题，但由于计时设备的精度限制，其测量精度一般只能达到毫米级，且难以实现较高的分辨率。

（三）主被动结合的方法

双目立体视觉速度较快但是无法处理弱纹理的待测物体，而结构光方法可以有效处理弱纹理区域，但是速度较慢。通过在双目立体系统中增加一个主动结构光源即可综合两类方法的优势。通过投影特定的结构光图案到待测物表面，可以解决弱纹理区域的匹配问题，从而提高匹配精度及测量精度。

二、点云传感与分析技术

近年来，激光雷达广泛应用于自动驾驶、机器人技术等领域，点云学习也受到了越来越多的关注。研究者们通常将3D点云数据映射到图像、体素等欧式空间，以适应传统的深度学习方法。比如，将3D点云数据投影得到二维图像，再利用图像领域的方法进行处理；或将3D点云数据表示为在三维体素网格上点云的二元概率分布，若体素网格含有点云则值为1，否则为0，体素化后即可利用深度神经网络进行特征学习；或直接将3D点云数据看成点的集合，利用深度神经网络提取每个点的特征。以下部分将主要介绍点云学习的三大任务：3D形状分类、3D目标检测以及3D点云分割[28]。

（一）3D形状分类

3D形状分类任务旨在通过输入的3D数据判断其对应的类别标签。根据输入的数据类型不同，3D形状分类方法可分为：（1）基于多视图的方法。该类方法将点云投影到多个视图并分别提取图片特征，再融合特征以进行分类，如图4-4（a）所示。（2）基于体积的方法。该类方法将点云体素化为规则的3D网格，再将该网格输入到分类模型中，如图4-4（b）所示。（3）基于点的方法。该类方法直接处理原始点云，而无须任何体素化或投影，主要分为逐点方法、基于卷积的方法、基于图形的方法和基于层次数据结构的方法。相比其他方法，逐点方法是最直接的处理方式，该方法独立地对每个点进行建模，再聚合成全局特征，如图4-4（c）所示。

（a）基于多视图的方法

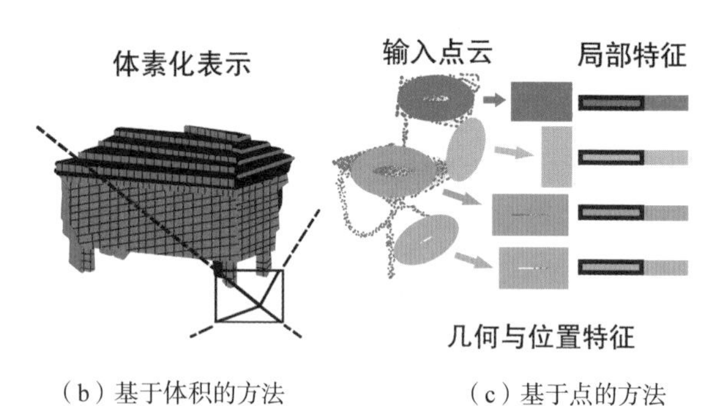

（b）基于体积的方法　　（c）基于点的方法

图4-4　3D形状分类的方法

（二）3D目标检测

3D目标检测任务旨在确定输入数据中特定目标的3D位置信息和类别。现有方法主要可分为两类：多阶段方法和单阶段方法。

多阶段方法先生成几个包含检测对象的候选框，再提取候选框特征来确定每个候选框的类别标签，主要分为基于多视图的方法、基于分割的方法和基于视锥的方法。基于多视图的方法融合不同视图（如激光雷达前视图、鸟瞰视图和图像）的特征，输出3D边界框；基于分割的方法先利用现有的语义分割方法去除大部分背景点，再在前景点上生成高质量的候选框；基于视锥的方法先利用现有的2D对象检测器在二维图像上生成2D候选框，再为每个2D候选框提取3D视锥候选框，如图4–5（a）所示。

单阶段方法直接预测检测对象的类别，再输出检测对象的3D边界框，主要包括基于鸟瞰视图的方法、基于离散化的方法和基于点的方法。基于鸟瞰视图的方法以点云鸟瞰视图为输入内容，如图4–5（b）所示；基于离散化的方法将点云转换为规则的离散

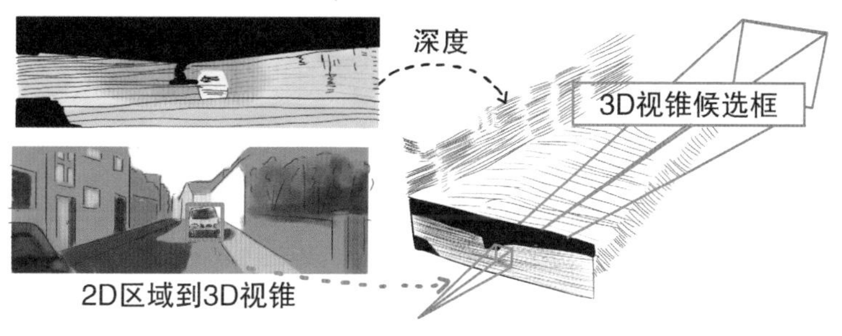

（a）基于视锥的多阶段方法（3D box：3D边界框）

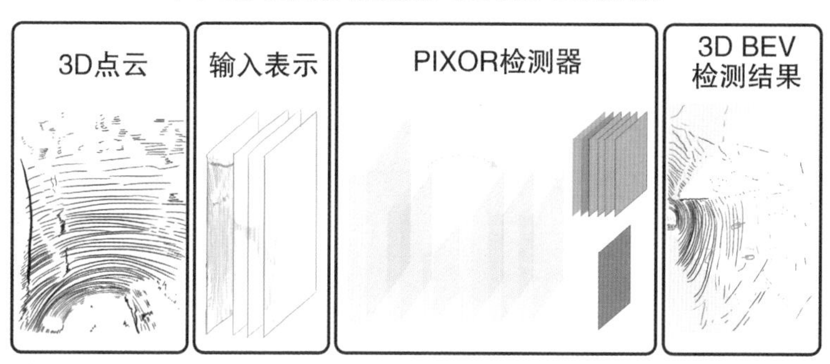

（b）基于鸟瞰视图的单阶段方法

图4–5　3D目标检测的常见方法

表示，再应用卷积神经网络来预测对象的类别和3D边界框；基于点的方法不需要体素化或投影，直接将原始点云输入到深度神经网络中进行特征学习，最大限度上保留原始点云的几何特性。

（三）3D点云分割

3D点云分割任务旨在确定数据中每个点所属的类别标签，相比之下，点云分类任务中仅判断点云整体所属的类别。根据分割粒度的不同，点云分割主要可分为语义分割（场景级）和实例分割（对象级）。

语义分割的目标是根据每个点所属的类别将点云划分为多个子集，主要包括基于投影的方法、基于离散化的方法和基于点的方法。基于投影的方法通常将三维点云投影到多视图图像和球形图像等二维图像中，如图4-6（a）所示的RangeNet++方法；基于离散化的方法通常将点云转换为密集/稀疏的离散表示；基于点的方法可分为逐点方法、点卷积方法、基于循环神经网络的方法和基于图的方法。

实例分割不仅要判断点的所属类别，还需要判断其所属的个体，通常分为基于候选框的方法和无候选框的方法两种。基于候选框的方法将实例分割问题转换为3D目标检测和实例掩模预测两个子任务；无候选框的方法没有目标检测模块，通常作为语义分割的后续聚类步骤，如图4-6（b）所示的SGPN方法。

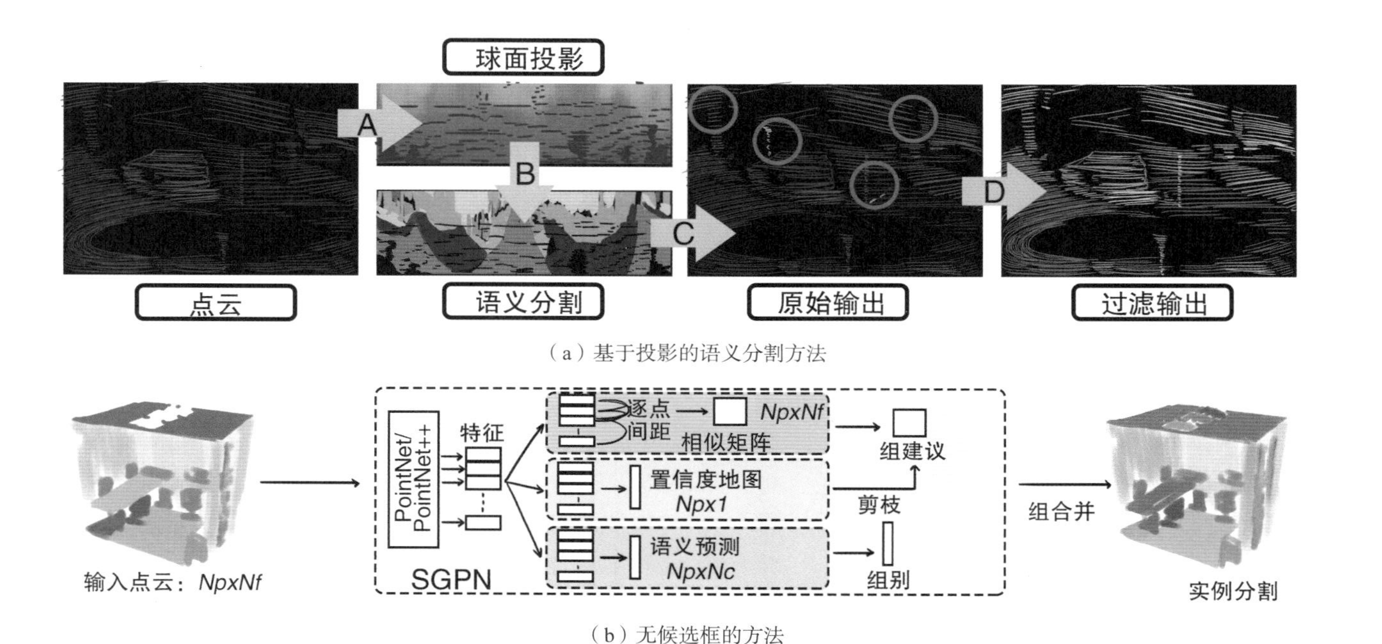

（a）基于投影的语义分割方法

（b）无候选框的方法

图4-6 3D点云分割的常见方法

三、面向自动驾驶的工业应用

（一）自动驾驶简介

如今，汽车行业正处在一个变革的时代，自动驾驶相关技术发展如火如荼。现在的自动驾驶汽车能以雷达、全球定位系统（global positioning system，GPS）及计算机视觉等技术感测周围环境，并将这些技术应用于道路导航、障碍和交通标志识别等任务。

自动驾驶技术的基本原理是通过传感器实时感知车辆及周边环境的情况，再通过智能系统进行规划决策，最后通过控制系统执行决策，即感知、决策、控制三个环节。

感知：车辆自身信息以及环境信息的采集与处理，包括视频信息、GPS信息、车辆姿态、加速度信息等。例如，前方是否有车，前方是否有行人，当前红绿灯状态，路面情况如何等，这些信息对自动驾驶系统的决策十分重要。

决策：车辆依据感知到的情况确定适当的工作模型并制定适当的控制策略，代替人做出驾驶决策。例如，看到红灯，决定停止动作；观察到前车很慢，决定从左侧超车；有行人突然闯入道路，进行紧急制动。

控制：系统做出决策后，自动对车辆进行相应的操作执行。就好比人对方向盘、油门及刹车进行操作，线控系统会将控制命令传递到底层模块执行对应操作任务。

根据汽车驾驶自动化分级标准[29]，自动驾驶的等级分为L0～L5级，如表4-1所示，等级数字越大，代表着自动驾驶成熟度越高。在过去的几年中，自动驾驶领域已经取得较大进展，L2级别的高级驾驶辅助系统（advanced driving assistance system，ADAS）被集成到越来越多的新款车辆中。ADAS提供车道线偏离预警、自适应巡航、自主泊车等辅助功能，可提高特定场景下的驾驶体验。但是，ADAS仍然只能提供简单的辅助作用，在处理突发情况或遇到罕见环境时不能保证安全，所以驾驶员仍然不可缺少，与真正意义上的自动驾驶仍然有很长的距离。

表4-1 自动驾驶分级

分级	名称	持续的车辆横向和纵向运动控制	目标和事件探测与响应	动态驾驶任务后援	设计运行范围
L0	应急辅助	驾驶员	驾驶员及系统	驾驶员	有限制
L1	部分驾驶辅助	驾驶员和系统	驾驶员及系统	驾驶员	有限制
L2	组合驾驶辅助	系统	驾驶员及系统	驾驶员	有限制
L3	有条件自动驾驶	系统	系统	动态驾驶任务后援用户（执行接管后成为驾驶员）	有限制
L4	高度自动驾驶	系统	系统	系统	有限制
L5	完全自动驾驶	系统	系统	系统	无限制

排除商业和法规因素等限制。

随着人工智能领域的蓬勃发展，越来越多的研究者不再满足于L2级别，而是着眼于L3甚至L4级别的自动驾驶。在这种级别的自动驾驶中，对环境的感知成为重中之重，例如对道路情况的感知、行人与车辆的识别、交通标志的识别等。如果不能对周边环境形成正确认识，那对车辆的控制也将无从谈起。如何让智能车精确认识、理解环境已成为自动驾驶领域的一大挑战。

（二）自动驾驶中的3D感知方法

在自动驾驶领域，感知到的环境信息将用于后续的决策规划、控制执行等关键性操作，是确保行驶安全的前提。基于图像的2D感知方法只能输出图像，缺少深度信息，无法准确地感知立体环境，尚不足以满足自动驾驶的要求。基于激光雷达的方法可以感知3D信息，但是3D数据具有稀疏性，这限制了自动驾驶系统性能。如图4-7所示（来自KITTI数据集），能够获取三维信息的3D感知成为自动驾驶感知任务中的焦点。

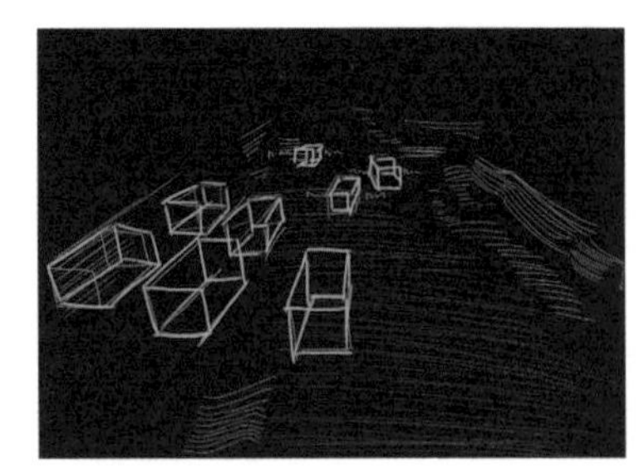

图4-7　3D感知：目标检测

1. 基于激光雷达的3D感知

激光雷达能够提供包含周围物体位置和结构信息的3D点云，相较于图像数据能更真实地建立环境模型，在目标检测方面有得天独厚的优势。研究表明，相比单纯利用图像数据的检测方式，利用激光雷达数据进行3D检测的精度提高明显。因此，激光雷达在目前的自动驾驶系统中依然是不可或缺的传感器。

2. 基于视觉的3D感知

立体视觉法模仿人类视觉系统的3D重建过程，利用两个及以上存在一定距离和拍摄夹角的摄像机对同一物体或场景采集图像数据，以获取物体或场景的3D信息。然而，立体视觉法存在难以有效处理弱纹理目标和遮挡的劣势，因此如何准确获取3D信息是该领域的重点。

3. 基于融合的3D感知

不管是基于激光雷达还是基于立体视觉的3D感知方案，各自的感知能力总是有限的，多传感器融合的方案会是更好的选择：摄像机能弥补激光雷达对颜色不敏感、补偿点云稀疏等问题，而激光雷达能够提供更精确的三维位置和大小信息。在3D目标检测应用中，将两种数据的有用信息融合在理论上可以达到更高的检测精度。但是在哪个阶段、以何种方式将两种不同的数据进行融合才能防止信息冗余等问题，是多传感器融合方案的研究重点和难点。

四、面向工业生产的应用方案

（一）航天器制造中的三维数据

飞机制造需要众多精密的机械零件和装备，要确定其几何形态和尺寸是否达到设计标准，需要借助先进的测量手段。长期以

来，零件的测量一直依靠传统工具和目视检测完成，不仅操作困难、检测周期长，而且难以有效检测零件加工精度。由于具有分辨率高和快速全场测量的特点，三维视觉测量技术已经被广泛用于零件扫描建模和表面质量分析等领域中，推动着飞机制造技术的根本性变革。

在飞机制造过程中，通过三维扫描技术可以便捷地获取飞机机身及其零部件的外形三维数据；通过与CAD（computer aided design，计算机辅助设计）模型进行对齐计算，可以有效地控制零部件外形和尺寸；通过三维数据分析各部位的形变，可对设备表面磨损、材料沉积等情况进行检查，实现零部件的精确修复。在高精度的装配要求中，利用三维扫描实现各种零部件的实体模型数字化，可以方便地整合零件加工精度、配合公差等数据，提高装配效率。随着三维视觉测量技术的发展和测量精度的不断提高，基于数字化测量的高精度零件建模技术逐渐成熟，为推动飞机制造向高质量、高产量、低成本、技术集中型发展提供了有力保障[30]。

三维视觉测量除应用于飞机制造外，还应用于卫星光学组件的检测。2020年我国一系列高分辨率对地观测系统“高分卫星”正式投入使用，全天候、全天时的高分辨率遥感数据获取，离不开高精度的光学表面。光学组件的表面质量好坏，将直接影响系统的光学性能。

检测人员一般使用“划痕”和“麻点”数来描述光学系统的表面质量。如图4–8所示，传统的方法是使用肉眼对光学表面进行检查，尽管经济快捷，但精度无法保证。3D特征分析技术突破了传统检测方式的限制，实现了高精密度的玻璃表面瑕疵检测。

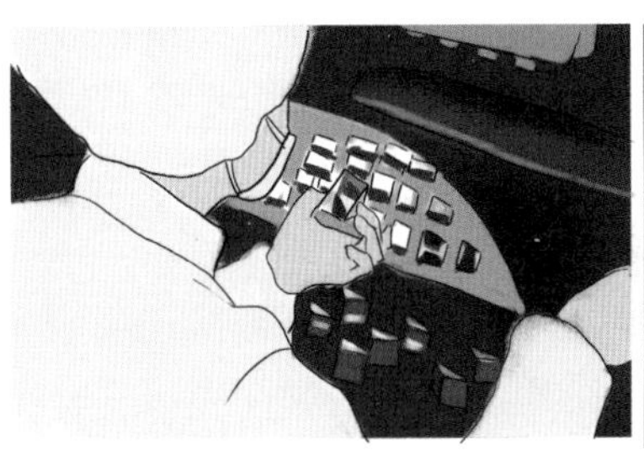

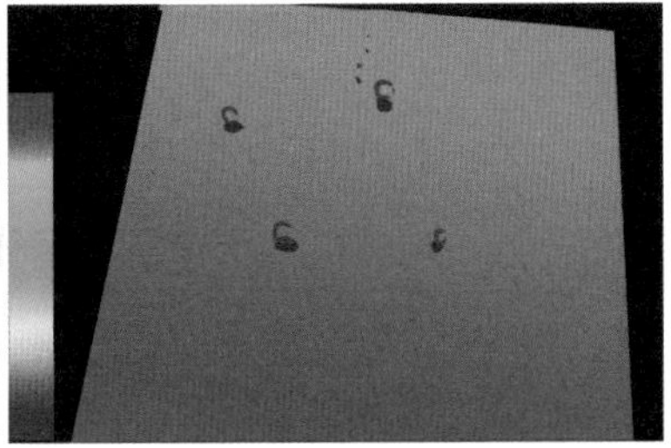

图4-8　肉眼检测（左）与3D特征分析检测（右），其中红色标记为检测出的表面缺陷

（二）汽车制造中的三维数据

三维测量技术的发展也为传统制造业注入了新鲜的血液。高速度、高精度的大型表面三维扫描测量系统在尺寸检测，表面质量检测任务中均能起到重要作用。

在汽车工业中，三维视觉测量方法已逐渐成为汽车质量把控的重要手段。鉴于其高精度的特点，三维视觉测量方法可对车身基本特征尺寸、车体的装配效果、缺陷等问题提供高效精确的监控。通过机器视觉检测还可以对产品进行制造工艺检测、自动化跟踪、追溯与控制，智能自动地实时评估加工和装配质量。

此外三维扫描技术也在汽车车身、轮毂及方向盘等重要组成部分的三维数字化方面发挥了巨大的作用。利用车体三维数据，可以评估曲面变形的程度，有助于优化压铸模具及生产参数；在发生损坏需要维修时，通过对三维数据进行填充分析，可以方便地得出汽车维修方案。

（三）高端装备制造中的三维数据

智能制造工业4.0的核心是高端装备制造，而精密三维测量技术是高端装备制造的重要基石。通过获取待测物的三维数据，计算机系统可以对各类工业产品进行精确的尺寸测量、目标定位和缺陷检测等，有效提高产品性能和良品率。

精密模具制造行业作为高端装备制造业的配套产业，已经将三维测量技术广泛应用在质量控制、装配生产、逆向设计、磨损检测等环节。如图4-9所示，通过对模具实物进行三维扫描并与原CAD模型比对，分析尺寸误差，能为质量检测及模型修改提供精确直观的数据报告，这大大提升了模具生产效率和产品质量。在模具使用一段时间后，通过三维扫描还可以对磨损量、镶块位置变化等数据进行实时检测。对于没有图纸的模具，逆向设计扫描数据得到的三维模型可为模具设计提供数据支撑，从而缩短开发周期。

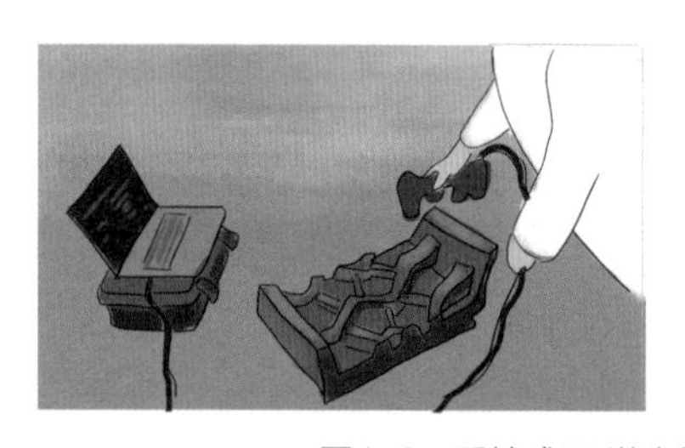
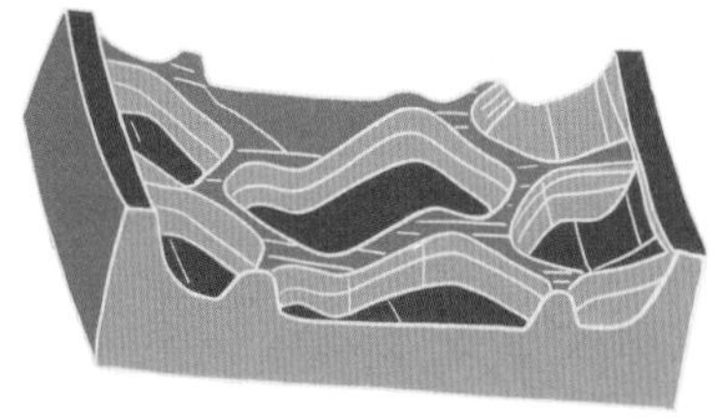

图4-9　手持式3D激光扫描仪与逆向三维建模

工业机器人是高端装备制造业的臂膀，如图4-10所示。利用视觉引导系统能突破机器人只能单纯地重复示教轨迹的限制，使其能根据被操作工件的变化实时调整工作轨迹，提升机器人智能水平，提高生产效率和生产质量，视觉引导技术已经成为机器视觉在（工业机械臂）机器人引导中应用的核心技术[31]。

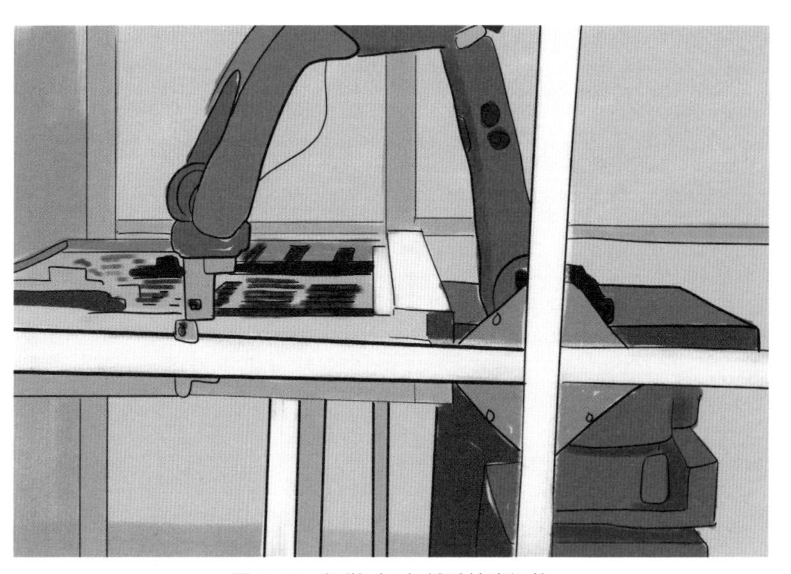

图4-10　视觉引导机械臂精确组装

（四）三维数据在工业应用中的问题与展望

尽管目前三维视觉工作已经取得了令人瞩目的成效，但是在特定的工作环境要求下，仍存在着一些未解决的问题。

高精度的三维测量需要基于外部辅助定位来实现，比如人为地粘贴标志点，视觉上的跟踪定位以及机械上的控制定位，这种对外部设备的依赖会影响测量效率和测量设备的应用范围；在测量事件持续时间短的情况下，如工件的高速加工和汽车之间的碰撞，如何快速准确地测量参数且实现三维重建就成了亟待解决的头等难题；此外，特殊的测量场景也给三维测量带来了巨大的挑战。如船舶制造中超大尺寸零件的测量、超精密加工中的三维显微成像技术都对测量系统的稳定性、误差评价能力和补偿方法提出了更高的要求[25] 1497，还有一直都难以解决的复杂内部结构测量问题，如螺母内部纹路的测量。

虽然精度和快速性等问题依然掣肘着三维测量技术的广泛应用，但依旧无法掩盖其给工业生产带来颠覆性改变的希望。三维视觉测量系统非接触的特点，能有效减少传统接触式测量所带来的误差及其衍生的一系列问题。比如在服装工业中，非接触的三维人体测量技术能使服装的生产和设计更具个性化。

此外，随着硬件的不断进步和计算方法的不断迭代，三维测量系统通过降低硬件的复杂度，发挥结构简单、成本低廉的优势，应用在各种便携设备上，例如iPhone点阵激光面部识别技术。当前高速发展的智能成像和云计算等技术也为三维测量系统注入了新的动力。

五、三维人体行为识别

近年来，由于具有成本低、采集图像质量高、精度高等优点，深度视觉传感器如微软的Kinect已被广泛使用。得益于此，基于深度视频信息的三维人体行为识别也成为计算视觉与模式识别领域中的研究热点，受到了世界各国学者的广泛关注。当前三维人体行为识别技术在公共安全、社会保健等领域发挥着重要作用。因为其巨大的潜在应用价值，学术界提出了众多三维人体行为识别方法，按照数据格式大致可分成基于骨架，基于深度图和基于点云三类，这些方法根据数据格式以及目标行为的特点，设计了不同的策略，期望实现准确、高效的行为识别；此外，各种三维行为识别数据库为驱动深度学习模型学习行为表征提供了强大的动力。

（一）人体行为识别技术的应用

在社会生活中，人们的行为时刻向外界传递着信息。如路口等待的司机可以根据交警的手势来知晓什么时候可以通行，足球守门员可以通过观察射手的动作来判断射门的角度。而随着人体行为识别技术的愈发成熟，如图4-11所示，人体行为信息已经应用在各种生活场景中。

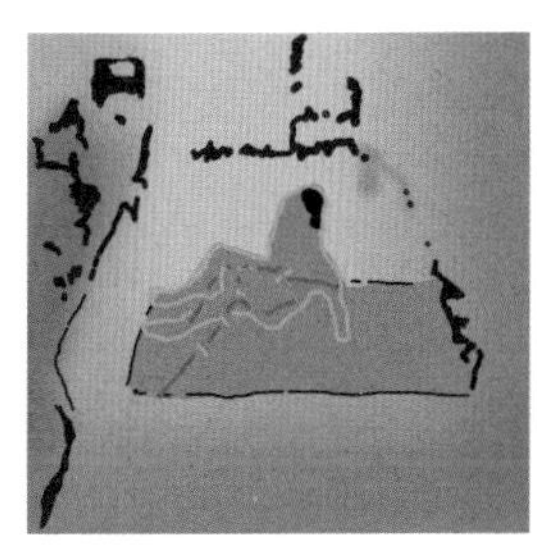

图4-11　人体行为识别应用案例：跌倒检测（左）、无人超市（中）、病房智能医疗（右）

早上出门送孩子上学时，基于人体行为识别的辅助驾驶技术能实时观察并预警孩子是否做出危险行为，从而帮助家长安心驾驶；行驶过程中，该技术还能根据面部表情以及眼部活动检测驾驶人是否有疲劳驾驶的现象；城市中的上班族也不用担心远在老家的年迈父母，智能养老识别系统能识别他们可能发生的跌倒和坠床行为并及时提醒；下班后走进无人零售商店中，只需拿取想要的商品，无人售货系统会根据购买者的动作自动判定所拿取的商品并生成订单发送到相应的账户；当奔忙一天的城市进入梦乡时，城市智能安防系统检测着可能发生在街头巷尾的暴力行为或车祸意外等，ICU智慧医疗还会时刻代替医生通过患者的行为来监测患者的身体状况；等等。

（二）三维人体行为识别方法

目前人体行为识别技术已经在医疗、出行、工作、安全保护等诸多方面表现出色，并且普及程度越来越广。随着软硬件的升级、算法的迭代更新及对更多状况的考虑，这项技术将会更加成熟，并以各种各样的形式参与到现实世界中，为生活带来革命性的改变。在享受各种行为识别应用带给我们便捷的同时，我们不禁好奇，这些复杂的功能，是如何实现的呢？下面，我们按照数据格式分类，分别根据人体骨架、深度图、点云三种数据格式来介绍当前已有的三维人体行为识别方法。

1. 基于骨架的人体行为识别方法

三维人体骨架描述了人体主要关节点在空间中的位置以及关节点之间的连接信息（如图4-12所示），是对人体姿态的一种高度抽象表示，使用骨架描述三维人体具有以下三点优势：首先，三维人体骨架信息仅描述了人体重要关节点在空间中的位置，能够保留语义信息，便于后续工作对人体行为的理解；其次，骨架数据仅仅包含关节点的位置坐标，存储代价小；最后，骨架数据可以很方便进行旋转归一化的操作，不容易受到视角、人体尺度变化的影响。然而由于完全忽略了人体周围环境信息，骨架提取失效会对后续识别算法的稳定性造成影响。

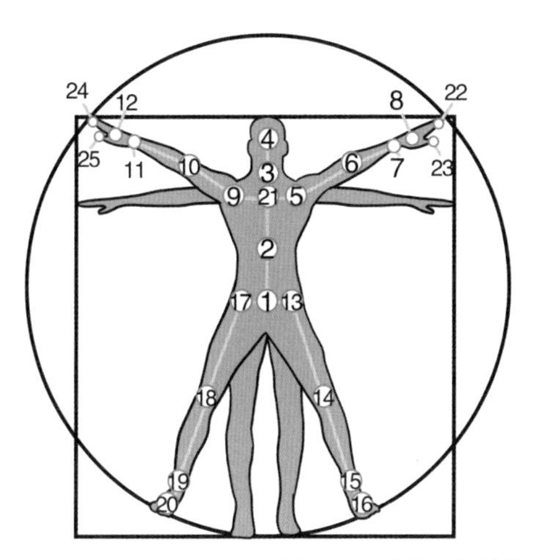

关节序号	关节名称	关节序号	关节名称
1	脊柱底部	14	左膝
2	脊柱中部	15	左脚踝
3	颈部	16	左脚
4	头部	17	右臀部
5	左肩	18	右膝
6	左肘	19	右脚踝
7	左手腕	20	右脚
8	左手	21	脊柱
9	右肩	22	左手尖
10	右肘	23	左拇指
11	右手腕	24	右手尖
12	右手	25	右拇指
13	左臀部		

图4-12　人体骨架关节点示意图

基于骨架的人体行为识别方法可以分为手工特征提取和深度学习两个阶段，如图4-13。其中，基于手工特征提取的方法主要通过记录每个关节点的位置、计算关节点之间的相关性来识别人体姿态，捕捉人体的运动信息。

基于深度学习的方法则通过不同类型的神经网络来对骨架信息进行编码，在时间和空间维度上抓取不同帧，不同空间位置关节点之间的相互依赖性来对行为进行识别。

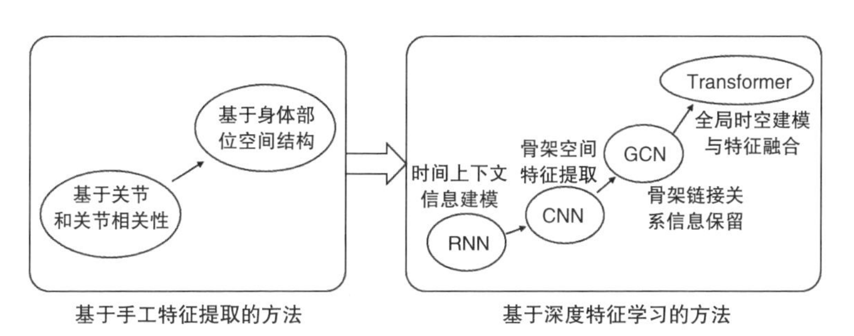

图4-13　基于人体骨架的行为识别方法发展历程

2. 基于深度图的行为识别

深度图是指将从相机到场景中各点的距离作为像素值的图像，主要通过深度相机采集。相比常见的彩色图像，使用深度图来描述人体行为通常更加稳健，不容易受到光照的影响，在受限环境下（比如黑夜）可以提供更加可靠的几何形状信息；此外，深度视频可以为行为表征提供更丰富的三维结构信息。因此，基于深度图的精细化行为识别受到众多研究者的广泛关注。

基于深度图像序列的方法经历了如图4-14所示的手工定义特征和深度学习两个发展阶段。早期方法依据人体行为的三维运动和外观特点依据特定的规则从深度图上提取手工特征，具有代表性的手工定义特征包括基于“视觉词袋”模型的三维时空关键点特征、深度运动图特征、超法向量特征等。然而，手工特征的表达能力有限，因此研究者引入深度学习技术，将深度视频压缩为包含有人体运动信息的二维图像，作为神经网络的输入内容，有效提升了行为识别性能。

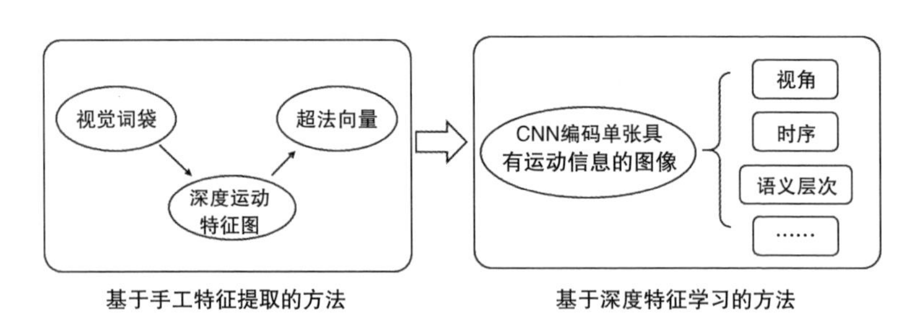

图4-14　基于深度图的行为识别方法发展历程

然而，深度视频序列依然无法最直观有效地呈现人体行为的三维运动特性。同时，因为缺乏对行为识别有帮助的外观信息

（如纹理、色彩等），深度数据通常不是单独使用的。因此，研究者采用将深度信息与其他数据（比如RGB彩色图像、光流等）融合的策略以增强行为识别的准确性和稳健性。

3. 基于点云的行为识别

点云是由多个点组成的集合，它们表示三维空间下物体的空间分布和表面特征［如图4–15（a）所示］，当前获取三维点云数据的方法有多种，比如使用三维传感器（激光扫描或者深度相机Kinect[32]等），或者从二维图像中重建三维点云。根据采集方式的不同，点云中包含的内容也不同：由激光扫描得到的点云包含三维坐标和激光反射强度；根据图像三维重建的点云包含三维坐标和颜色信息。点云可以在不进行任何离散化的情况下保留行为在三维空间中原始的几何信息，因此成为三维行为识别任务的首选数据格式。

基于点云的方法可以分成以下三类：（1）基于原始点云的方法。该方法使用点云编码网络直接处理点云数据［如图4–15（a）所示］，这种处理方式可以很好地切合点云无序性的特点。 然而，当前已有的点云网络的局部信息聚合方式难以同时保持高效推理速度和高精度。因此，众多学者致力于探究局部点云模块的设计来缓解这个问题。（2）基于深度图的方法。该方法将点云投影在特定平面上，得到包含深度值的图像［如图4–15（b）所示］，然后利用基于深度视频的方法来完成行为识别。然而由于存在遮挡，可能出现多个点对应一个像素点的情况，投影过程中会造成三维信息损失，因此，这种方式难以应用于精细的行为识别。（3）基于体素的方法。该方法将点云转换成体素

集，如图4-15（c）所示，每一个体素类似二维图像中的像素，可以由深度学习模型直接处理，考虑到体素化带来的时间消耗和量化误差，这可能不是最优的编码策略。基于原始点云的方法可以很好地处理点云的无序性问题和抓取局部特征，因此更多工作倾向于直接使用点云编码网络来处理行为的点云序列。

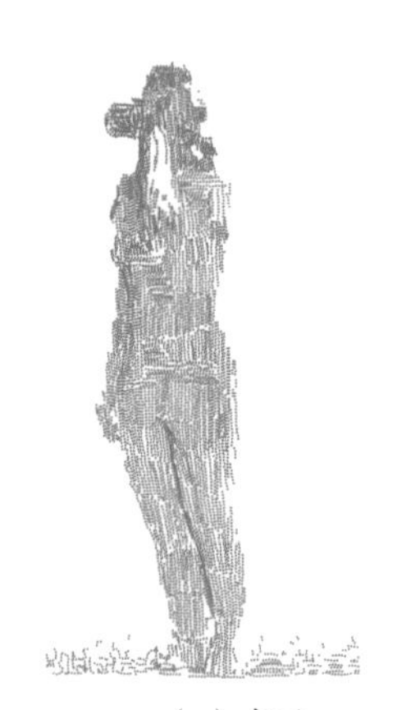
（a）点云

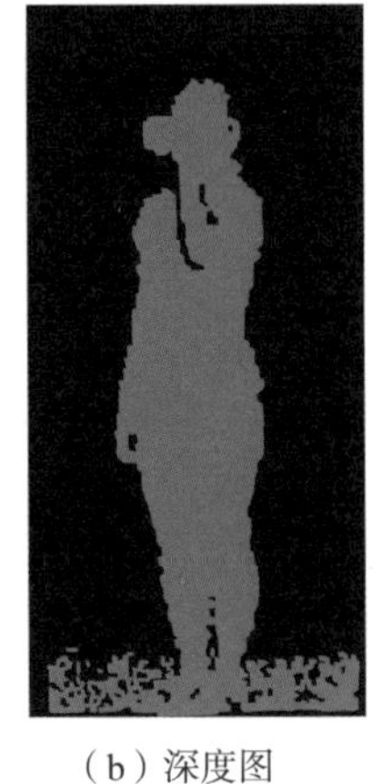
（b）深度图

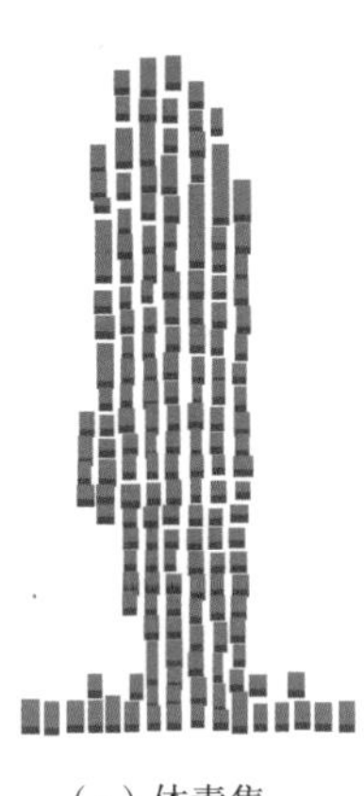
（c）体素集

图4-15 “喝水”对应的点云、投影得到的深度图和体素化结果

综上，点云可以有效地捕捉人体的三维形状和轮廓，可以非常方便地在三维空间中进行旋转和归一化等操作，因此基于三维点云的行为识别方法对视角变化不敏感，从而取得了超越其他方法的性能。然而，由于点云排列不规则，存在噪声和不均匀分布的问题，基于点云的行为识别方法稳健性不强，除此之外，点云序列的预处理通常需要较高的计算代价。

（三）三维人体行为识别数据库

由于低成本、高精度的深度相机的广泛使用，用于评估

3D 人体动作识别算法性能的研究数据库纷纷涌现，例如NTU RGB+D 120[33]等。

数据库中行为的丰富程度主要可以通过以下指标进行评估：视频数量、行为类别、演员人数、采样视角数量和数据种类等。在现今“大数据+深度学习”的环境下，更多的视频数量能够给模型带来更强的泛化性能，更多行为类别的数据集有助于更好地发掘行为的内在联系。演员人数和采样视角则是对噪声的模拟：同一个行为由不同的人来演绎不应该影响模型的识别结果，识别模型需要忽略人的体态习惯；采样视角则是因传感器拍摄角度不同而引入的噪声。数据种类则可以包括以上介绍的骨架序列、深度图、点云序列等，由网络选择输入数据模态，各种数据格式取长补短，有利于提升识别能力。

提高数据集规模是机器视觉发展的趋势之一，更大的类内差异有利于获得更加鲁棒的算法，更多的类别能增强算法的适用范围。据统计，当前最大的用于三维人体行为识别的120数据集共计114 480个视频，包括120个常见的行为类别，106个来自不同年龄阶段的采集主体（人），155个不同视角和4种不同模态的数据。在这个数据集中，幅度大的动作（例如拥抱和行走）与难以区分的精细尺度的行为（例如阅读和打字）同时存在，这给三维人体行为识别任务提出了巨大的挑战。

第五章

用得好：机器视觉助力行业升级

一、检测与识别

（一）通用目标检测与识别

目标检测与识别是指利用计算机工具和相关算法来对现实世界中的对象进行定位和分类的一种机器视觉技术[34]。目标检测与识别作为机器视觉领域的一个重要任务，具有巨大的实用价值和应用前景，在智能视频监控、自动驾驶、人机交互、遥感目标检测等领域应用广泛。此外，目标检测与识别也是众多高层视觉处理和分析任务的重要前提。其中，通用目标检测也叫作通用对象类别检测或对象类别检测，它更强调检测广泛的自然类别，而不是针对较窄的预定义感兴趣类别（如人脸、行人或汽车）做特定对象的类别检测。

传统的目标检测需要手工提取特征，并针对检测对象设计和训练分类器，但是这类方法通常对噪声十分敏感。现有的目标检测方法大部分都基于深度学习技术，它们大致可以分为一阶段检测方法和两阶段检测方法。

以基于深度学习的两阶段检测算法区域卷积神经网络（region-based convolutional neural network，R-CNN）为例，其流程主要可分为区域建议、特征表示、区域分类这三个步骤，如图5-1所示。

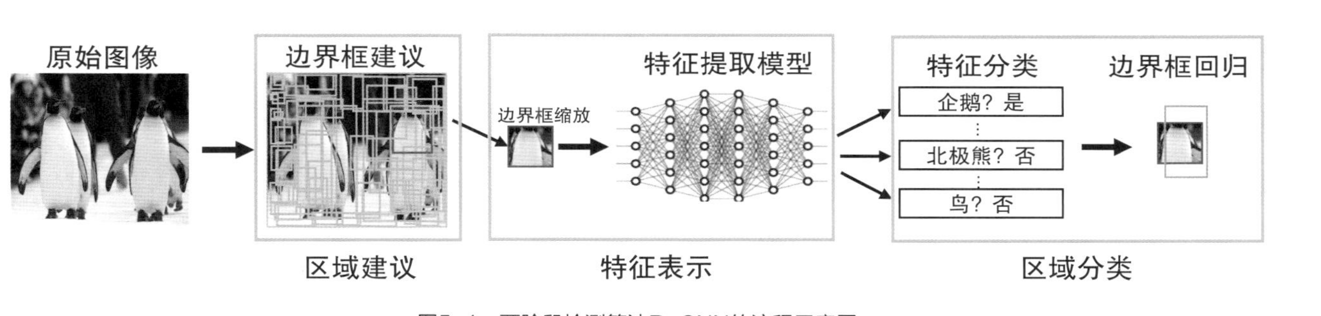

图5-1　两阶段检测算法R-CNN的流程示意图

第一步是区域建议。常用的方法主要利用图像的边缘、纹理、色彩、颜色变化等信息在图像中选取约2 000个可能包含目标的候选区域。

第二步是特征表示。由于前一步的区域建议所选取的候选区域图像尺寸大小是不一致的，为了保证特征提取模型输出的特征尺度是一样的，需要先将区域建议选取的候选区域缩放成统一的尺寸大小，再输入到特征提取模型中做特征提取。基于卷积神经网络的特征提取模型会对每个输入的候选区域做特征提取，输出每个区域的特征向量用于后续的区域分类。

第三步是区域分类。该检测任务的每个可能类别均对应着一个支持向量机（support vector machine，SVM）分类器，每个分类器只需要判断此特征是否属于自己所对应的类别。若存在某特征同时属于多个分类器所对应的类别，则选择概率最高的分类器所对应的类别。在对候选边界框进行特征分类后，由于候选边界框与实际目标所在区域的边界框存在一定的位置偏差，因此需要对候选边界框进行一定程度的位置修正。最后，通过一些后处理操作，例如使用非极大值抑制（non-maximum suppression，NMS）策略去除错误或多余候选框，最终得到准确的目标边框。

由于目标物体在颜色、材料、形状等方面本身存在的巨大差异性，以及采集图像时因环境、采集设备、光照、天气等条件的不同导致拍摄物体特性差异较大，目标检测与识别算法在实际应用中通常面临着较大的挑战。围绕这些挑战，研究人员开始研究开放场景下的鲁棒目标检测与多模态场景下的目标检测与识别。

（二）人脸检测与识别

人脸检测是指在输入图像中确定所有人脸的位置、大小、位姿的过程。人脸识别是指输入静止图像或者视频，基于检测到的人脸，使用人脸数据库识别或验证场景中的一个人或多个人。目前，人脸检测与识别系统已广泛应用于人脸支付、安防监控等领域，如支付宝刷脸支付、高铁安检人脸认证，为人们的生活带来安全与便捷。

以基于深度学习的人脸检测与识别为例，其流程主要可分为人脸检测、人脸对齐、人脸识别这三个步骤，如图5–2所示。

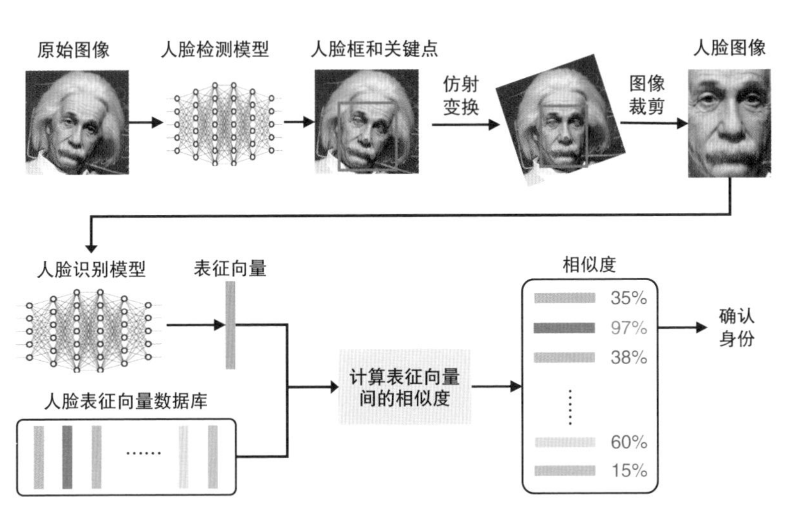

图5–2　人脸检测与识别的流程示意图

第一步是人脸检测。在这一步中，人脸检测模型（如YOLO–Face）接收可能含有人脸的图像，输出所有人脸的检测框和关键点的像素坐标。YOLO–Face模型由多层卷积神经网络组成，具有强大的特征提取能力。使用大量标注好的人脸数据训练后，YOLO–Face模型可快速检测出可能存在人脸的区域并定位其关键点（如双眼瞳孔、鼻尖、两边嘴角的位置）。

第二步是人脸对齐。为降低人脸姿态变化对人脸识别的影响，以提取更稳定的人脸特征，可使用仿射变换对齐人脸的关键点。具体地，人脸对齐指基于人脸关键点像素坐标，旋转和缩放原始图像使图中人脸被校准至标准的尺寸和姿态，并裁剪出人脸图像。

第三步是人脸识别。为更好识别人脸的身份信息，需获取与人脸姿态、表情、光照无关的可代表人物身份的特征。为此，将对齐后的人脸输入深度人脸识别模型（如MobileFaceNet）以提取人脸的表征向量。MobileFaceNet模型是轻量的深度卷积神经网络，可高效提取人脸特征。最后，将待识别人脸的表征向量与人脸数据库中的表征向量进行逐一匹配，若两张人脸对应的表征向量的相似度（如余弦相似度）大于预设阈值，则可认为这两张人脸源自同一个人，从而确认身份。

人脸检测与识别主要存在以下三个难点：（1）人脸存在外貌、表情、肤色、姿态等差异，具有模式的可变性；（2）人脸可能存在眼镜、胡须、口罩等附着物，遮挡脸部区域；（3）人脸图像易受光照产生的阴影的影响，增大特征提取难度[35]。以上难点为开放场景下的人脸检测与识别带来挑战。为解决上述难点，国内外研究者已进行大量相关研究，并取得一定进展。目前市场上已经出现识别戴口罩人脸的相关软件。

（三）文字检测与识别

文字检测是指在输入图像中查找所有文字区域的过程，文字识别是指将检测到的文字区域转换为计算机可读、可编辑符号的过程。目前，文字的检测与识别技术已广泛应用于文本可视化问答、电子发现、智能交通等领域，大大减轻了人们的工作量。文字检测与识别流程如图5-3所示。

传统的文字检测与识别方法大多基于连通域分析方法，即通过找出图像中的相同像素值且相邻的点集合，进而对文字进行定位与识别。以传统的OCR算法为例，其首先通过连通域分析对文字区域进行定位，其次通过旋转和仿射变换对文字图像进行矫正，然后通过二值化和投影分析对图像进行行列分割，最后利用支持向量机等统计方法对文字进行分类识别。传统的文字检测与识别方法虽然能够在大部分简单场景下取得很好的效果，但在复杂场景下的效果却难以满足应用需求。

基于深度学习的文字检测与识别方法先将可能包含文字的图片输入到文字检测模型中，模型通过卷积的方式提取特征，得到所有包含文字的检测框的坐标和大小。再将检测出的文字区域进行裁剪，将裁剪后的图像输入到文字识别模型中重新提取特征，通过多分类任务的方式得出图像对应的文字。也有模型将文字检测和文字识别合在一起，直接从图片中一次性同时检测文字的位置和内容。

文字的检测与识别主要存在以下三个难点：（1）人造物体（如建筑、符号和绘画图像等）与文字具有相似的特征，导致难

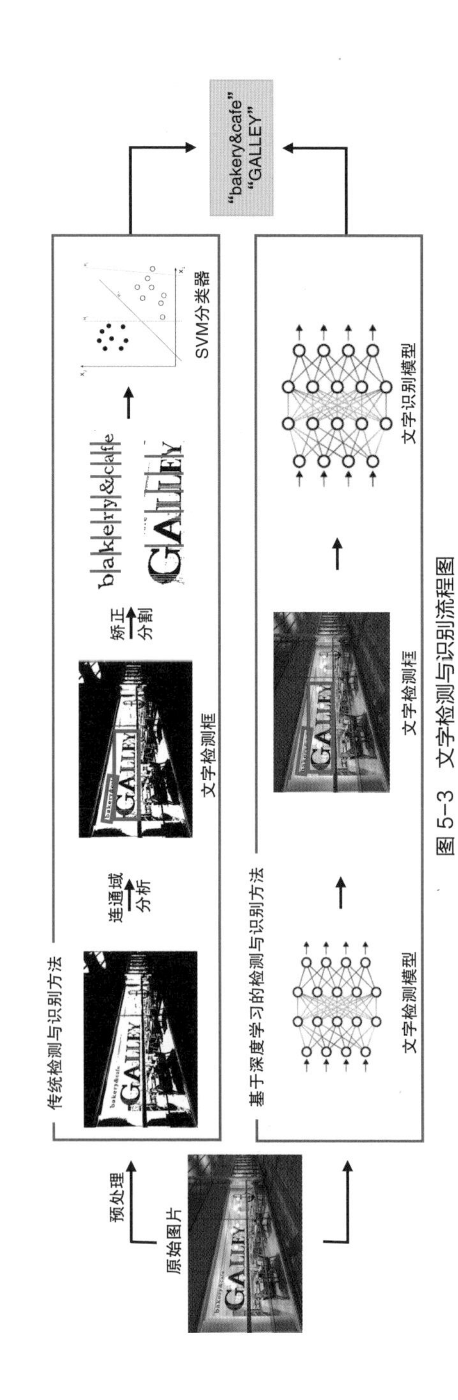

图 5-3　文字检测与识别流程图

以区分文字与背景；（2）图像获取时可能会产生光照在感光设备上的不均匀响应导致颜色失真的现象，从而容易导致错误检测；（3）部分语言（如汉语、日语等）有成千上万个字符，且阿拉伯语中的连接字符会根据上下文改变形状，多语言环境下的文字识别仍存在困难[36]。随着机器视觉技术的发展，解决上述难题将越来越可行。相关文字检测识别技术落地可减少手动键盘输入文本，使用户感觉更舒适，工作效率更高。

（四）二维码检测与识别

随着数字信息时代的到来，互联网技术促进了二维码的普及使用。二维码以成本低、存储的信息量大、不附加到数据库中等优点迅速占领了全球消费市场。在商场购物、电影院取票等场景中，二维码都帮助人们简化了流程。

二维码的检测与识别旨在检测并读取输入的图片中的二维码信息，具体可分两个阶段：检测阶段负责从给定的图片中找到二维码的具体位置，而识别阶段则是将二维码进行解码，将其中的信息提取出来。在实际业务场景中，需要识别的二维码存在所处背景变化大、光照不均匀、图像采集方法不当造成失真等问题，抑或是二维码在图中占比太小，这都对检测码和解码带来了一定困难。二维码检测与识别流程如图5-4所示。

传统的二维码检测方法通过对图片进行滤波、二值化等操作寻找二维码的轮廓，然后根据轮廓特征按照特定规则确定二维码三个角点的位置，从而计算出二维码的位置和大小。传统方法在规范化场景下能够取得较高的精度，但在光线变化大、二维码褶

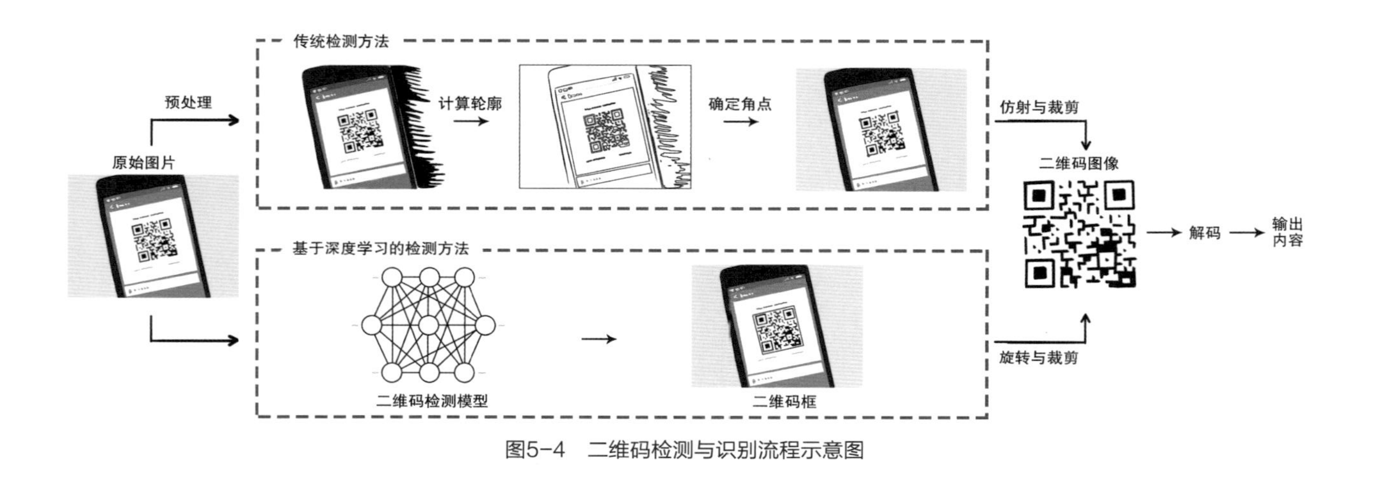

图5-4　二维码检测与识别流程示意图

皱等复杂场景下检测效果就大打折扣了。而基于深度学习的二维码检测技术通过卷积的方式提取图像特征，再根据特征利用不同的检测策略预测可能包含二维码的位置以及相应的二维码大小，这种技术虽然需要依赖大量的数据进行模型训练，但在复杂场景下稳定性更好。

二维码的识别基于特定的规则。以日常中常见的QR码（quick response code，快速响应码）为例，读码程序首先识别黑白块并转化为二进制信号，然后识别码中格式信息以及版本信息，利用格式信息消除掩码，再利用数据码字和纠错码字，最后进行错误检查，检查无误即可解码数据码字。

二、图像内容理解与分析

（一）姿态分析与应用

人体姿态估计是机器视觉领域的一个基础且具有挑战的任务，人体姿态估计对于描述人体姿态、人体行为等至关重要[37]。有许多的机器视觉任务都是以人体姿态估计任务作为基础的，包括行为识别、行为检测等。目前，人体姿态估计已广泛应用于人机交互、运动培训、医疗健康等领域，如用于交互游戏中追踪人体关节运动，用于健身和舞蹈培训教学，用于检测人体是否摔倒等，给人们生活带来诸多便利。二维人体姿态估计的目标是从图像中定位并识别出人体骨骼关键点，从而辨别人体的姿态。

以基于热力图检测的姿态估计方法为例，姿态估计的流程如图5-5所示。首先，由于图像中可能不止一个人存在，通常需要把图像中所有的人体检测出来，具体做法是预测出人体的外接矩形框，并进行裁剪，输出裁剪后的单人图像。其次，将裁剪的单人图像输入姿态估计模型中，预测出若干个人体骨骼关键点的热力图。最后，将关键点的热力图转换成关键点坐标，具体做法是计算热力图的最大值所在的坐标，此坐标即为人体关键点的坐标，最终也就得到了估计的人体姿态。

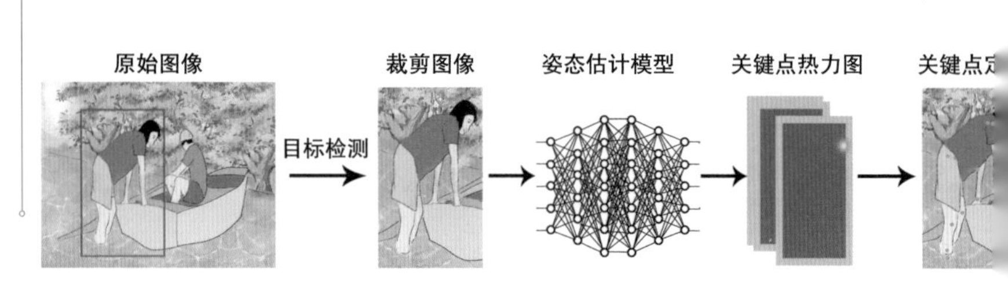

图5-5　姿态估计的流程示意图

人体由于姿态、外观各异，身处的环境复杂多变，具有模式的可变性，此外，图像中人体可能存在拥挤或遮挡的现象，以上状况均给人体姿态估计带来挑战。针对上述问题，结合人体姿态的先验知识去辅助人体姿态估计或许是未来的研究方向。

（二）医学图像分析与理解

医学图像是临床疾病筛查、诊断、治疗引导和评估的重要工具。常规的图像诊断依赖于阅片医生的水平和经验，存在着主观性强、重复性低以及定量分析不够等问题，迫切需要新的智能技术介入，帮助医生提升诊断的准确性和阅片效率[38]。目前，基于图像重建、病灶检测、图像分割、图像配准的医学图像处理技术在可见光、X射线、超声、电子计算机断层扫描、磁共振等成像数据中广泛应用，助力医生的临床诊疗。

本小节重点介绍医学图像分割。医学图像的分割是指对医学图像中的每个体素/像素赋予语义，通常分为器官分割（区分肝脏、气管和冠脉等）和异常分割（区分肝癌、肺结节和冠脉钙化等）[39]。精确的医学图像分割结果对于医生进行术前规划的可视化、患病器官的定量分析等工作有着莫大助力。

以基于深度学习的肺部分割方法为例，医学图像分割的流程如图5-6所示。首先，尺寸不一的原始医学图像经过预处理（如尺寸缩放、像素归一化等）操作后，作为输入送入训练好的医学图像分割模型。然后，医学图像分割模型通过卷积、池化等操作对医学图像进行视觉特征提取，以期提取到有助于图像分割的特征。最后，医学图像分割模型根据提取到的视觉特征给图像中每个像素预测一个分类标签，最终输出分割图像。

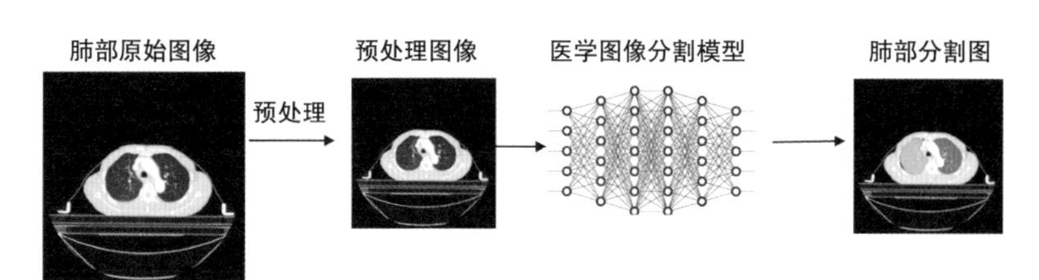

图5-6　医学图像分割流程

由于人体器官的多样性、病灶形状的复杂性、图像存在噪声干扰等问题，自动精准的医学图像分割仍然是一个尚未解决的难题。此外，由于医学图像的数据量相较于常规的图像要少很多，如何利用少量的医学图像数据训练性能优越的医学图像分割模型，仍然是个重要的挑战。目前，已有不少工作针对这些方面展开研究，旨在推动基于医学图像分析的智能诊疗产品的广泛应用。

（三）遥感图像分析与理解

遥感是利用卫星、飞机等平台上的成像仪，采集地球表面或者近地空间的电磁波，探测和识别地球资源和环境信息的技术。如图5-7所示就是以不同方式得到的遥感图像，不同数据来源的遥感图像成像原理也不同，图像的空间分辨率、观测尺度、反映目标特性也会存在一定的差异。

随着机器视觉和遥感技术的迅猛发展，研究者提出了一系列新的遥感图像智能处理、分析与破译等理论。这些智能化的遥感技术在资源调查、环境监测、灾害监测、智慧城市、农业水产业自动化分析等领域得到了广泛的应用，卫星遥感业务化应用的智能化水平也变得越来越高[41]。

遥感技术的智能化水平的提升离不开机器视觉的助力，以基于机器视觉的遥感图像分割为例，整个流程如5-8所示。首先，原始遥感图像作为输入，送入训练好的遥感图像分割模型。其次，在遥感图像分割模型中的卷积、池化等操作会对遥感图像进行视觉特征提取，提取到有助于图像分割的特征。最后，遥感图像分割模型输出精准的分割图像，在分割图像上的大、小目标物体都会清晰地分割出来。

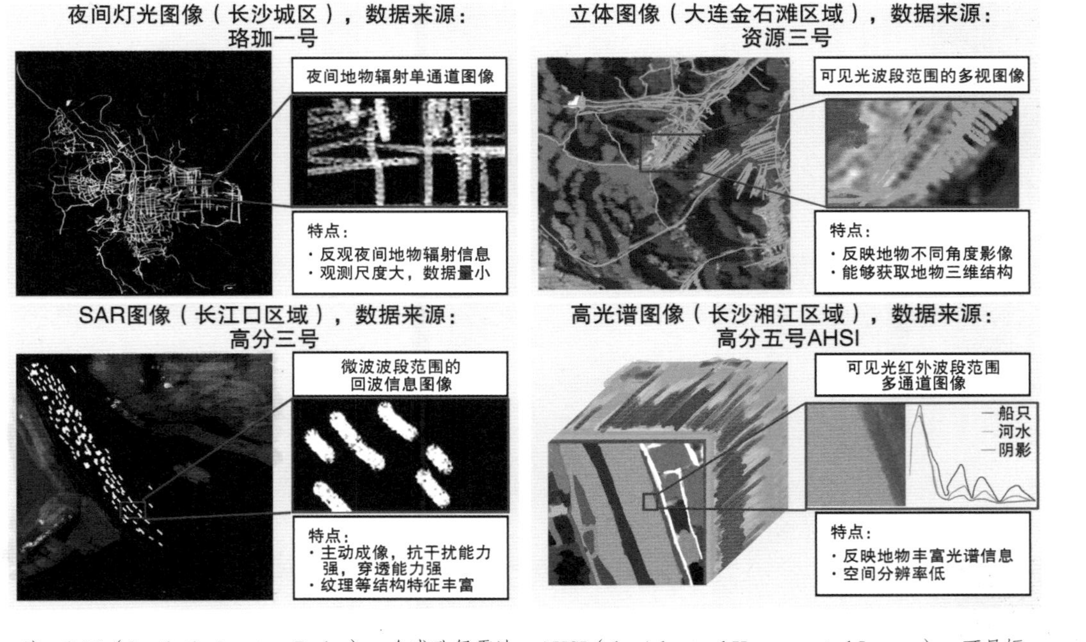

注：SAR（Synthetic Aperture Radar），合成孔径雷达；AHSI（the Advanced Hyperspectral Imager），可见短波红外高光谱相机。

图5-7　多源图像及其特点[40]149-150

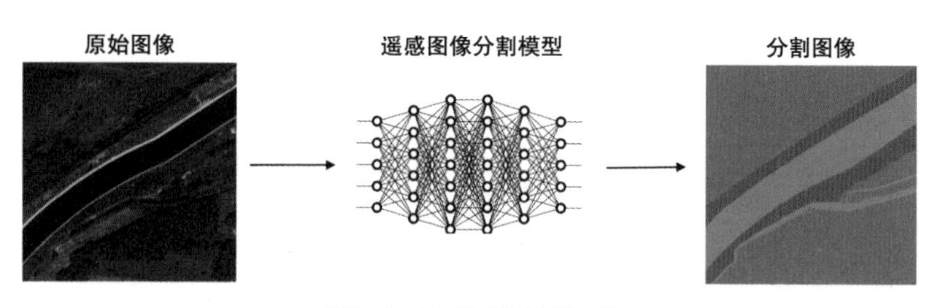

图5-8　遥感图像分割流程

尽管机器视觉极大地促进了遥感技术的发展，遥感图像分割仍然存在巨大的挑战：（1）由于遥感图像的视野较大导致了图像包含的目标较多，这些目标排列密集、尺寸变化没有任何规律、颜色纹理差异明显且绝大多数的目标较小；（2）自然图像通常为RGB的3通道数据，但是多光谱遥感影像的通道数是大于3的，不便于直接进行预处理和训练，若强行对通道数变换则会导致大量的特征丢失。现有工作尝试通过融合不同种类遥感图像的优势缓解上述问题，推动遥感图像分割等技术在资源调查、精准农业、军事侦察等领域落地应用[40] 160。

三、视频内容理解与分析

（一）自然视频分析

自然视频分析也称为视频内容分析或智能视频分析，是一种可以自动识别视频中的时间和空间事件的系统。通过机器学习算法，此系统可以监测主体环境、物体的属性、物体运动行为等元素的变化。不同行业有许多不同的视频分析应用，在许多用例中，自然视频分析可以自动执行原本需要手动完成的任务，例如计算视频中的人数或跨多个摄像头的实时视频流识别特定对象，并追踪物体的运动。主流的自然视频分析主要应用了目标检测与跟踪以及视频动作识别两种技术，其主要应用有监控视频分析和驾驶员行为分析。

在监控视频分析方面，多年来安全系统不断发展，随着技术的不断进步而变得更加复杂。视频监控摄像机已经变得越来越普遍，具有更高分辨率的输出和更强大的功能。然而，审查镜头的过程非常乏味，并且容易出现人为错误。监控视频分析技术可以通过深度学习技术智能地分析从监控摄像机获取的视频内容，对被监控场景中的内容进行理解和分析，实现对异常行为的自动预警和报警。目前有较多对监控视频中的目标进行检测和跟踪的方法，分为单目标跟踪、单场景多目标跟踪和多场景目标跟踪方法。这些方法可以解决各自任务目标下的视频目标检测和跟踪问题，如单场景下的多目标跟踪方法通常被用于行人检测与跟踪任务。此外，如何在高速、高精度、复杂场景以及大规模场景下进行监控视频的目标检测和跟踪仍是一个待解决的热点难题。

基于自然视频的驾驶员行为分析在最近几年吸引了越来越多的关注，驾驶员行为分析的目标在于利用视频动作识别技术，分析驾驶员是否存在异常行为。一些基于传统算法的工作利用人工设计规则提取的视频特征，然后将这些特征用于驾驶员行为分析任务上，但这些特征难以适应于复杂场景。随着深度学习技术的发展，越来越多的方法将卷积神经网络用于这个任务，并取得了不错的性能。这些基于深度学习的方法大多只关注于将视频单模态的信息作为输入，因此有研究者提出了一种对多个模态信号进行交互的驾驶员行为识别方法，利用人物的骨架关键点从复杂的视频内容中抽象出表示简单的主体姿态信息，去除了视频中与动作无关的背景噪声的影响，捕获微小动作信息用于分析驾驶员行为，在识别准确率上取得了显著的提升，并在实际公交车环境下的驾驶员行为分析任务上得到了成功应用，图5-9展示了该任务所包含的行为类别。

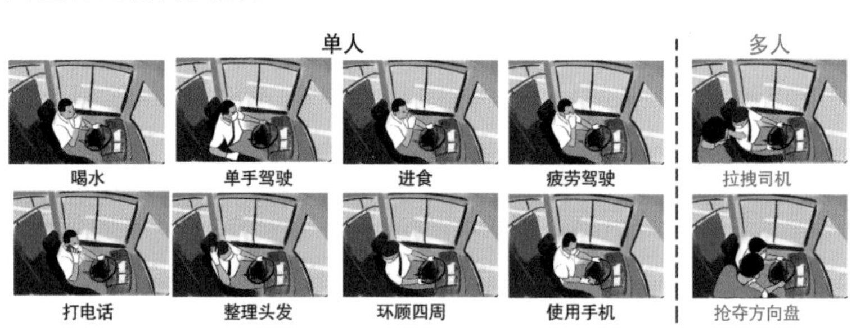

图5-9　公交车驾驶员行为类别[42]

（二）医疗视频分析

医疗视频分析是一种可自动识别医疗视频中行为、任务或者事件的技术，这是当前人工智能和智能医疗领域的热点和难点。然而，由于医疗视频的复杂性和专业性，其表示和分析主要存在以下挑战：（1）运动目标体积小、动作幅度小，且仅发生于画面中较小区域，不同动作模式难以区分；（2）视频标注专业性强、工作量大，且标注工作依赖医生参与，数据标注成本高；（3）医疗视频分析需要准确测量各类参数，精度要求高。随着深度学习技术的发展，基于医疗视频的智能分析受到广泛关注并取得一定进展[43]，目前主流方法是采用基于自然视频的方法应用于医疗视频分析，主要包括患者行为分析、辅助诊断分析和手术视频分析三大类。

患者行为分析是一种非接触式疾病诊断方法，可减少给患者带来的不适，适用于早期检查和康复检测。现有研究人员通过使用卷积神经网络从仰卧婴儿录像视频中获得肢体跟踪数据以评估婴儿脊髓性肌萎缩的严重性，也有使用医疗视频分析技术捕获视频中人脸的动态变化，用以估计患者的疼痛强度。此外，研究者利用深度学习技术建立了基于行为模式的婴幼儿智能视觉功能评估系统，用于客观筛查婴幼儿的视力功能，其中具体流程如图5-10所示。

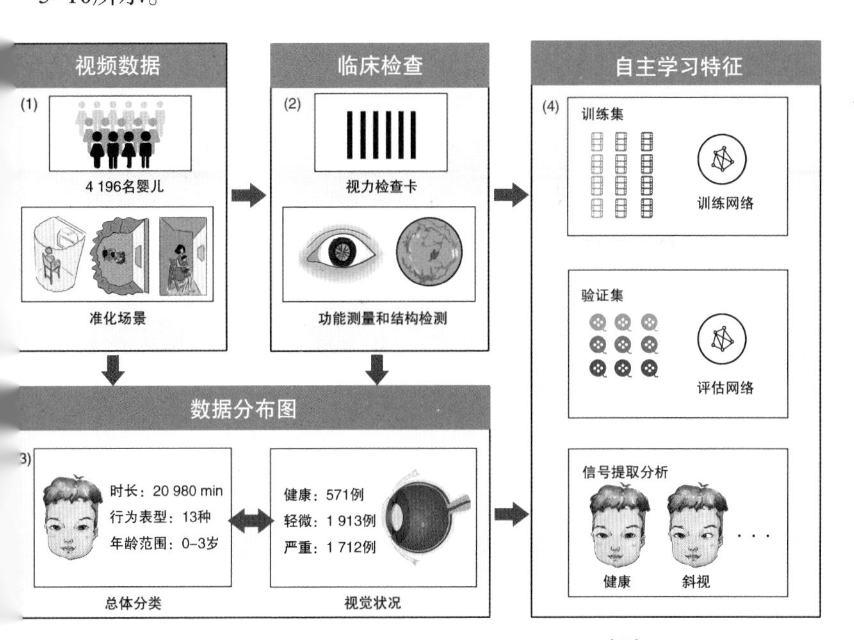

图5-10　视觉功能和行为模式量化关系流程图[44]

辅助诊断分析是一种针对动态医学影像视频进行任务分析的方法，能够为医生诊断提供关键信息。现有研究人员通过视频分析技术在心脏超声造影视频中标记左心室并估计射血分数，进而评估患者心脏功能。也有研究人员通过对吞咽造影视频片段进行分类，实现对吞咽造影视频片段中咽部阶段进行检测，为辅助诊断吞咽障碍提供可靠依据。最近北京协和医院和中科院软件所联合研发出“多模态神经系统疾病智能辅助诊断系统”，患者只需在摄像头前面抬抬腿、走一段路，计算机就能帮助医生诊断患者是否罹患有阿尔茨海默病、帕金森综合征等神经系统疾病。如图5-11所示，辅助诊断分析系统充分融入医院日常诊疗工作当中，将大大缩减诊断流程，减少漏诊与误诊的概率，更好地为医务人员、患者群体提供优质的服务。

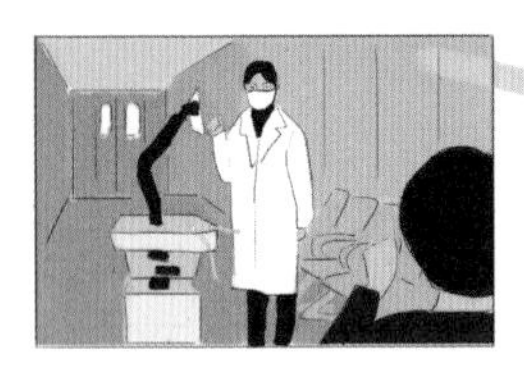
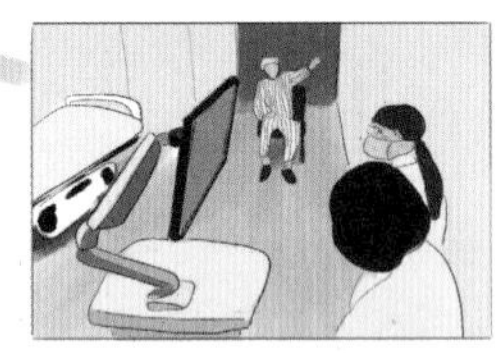

图5-11　智能辅助诊断系统现场采集辅助现场

手术视频分析旨在识别手术过程中医生动作或者手术任务，可为外科手术和医疗操作提供切实可行的行动指南，也可用于手术模拟训练以培养医疗人员。现有研究人员利用手术视频分析技术识别手术所处阶段和检测相关手术工具，进而识别整个手术工作流程，优化手术室和医疗人员的调度，为临床工作人员提供自动化协助。也有研究人员提出基于深度学习的手术视频分析算法以预测手术剩余时间，进而辅助医疗人员掌握麻醉和通气的时间来降低手术风险等。此外，现有技术也可从医疗视频中检测医生的手术动作，进而对培训人员的手术动作进行评估。近期医疗科技公司Theator开发的Minutes手术平台，可实时更新并及时告知医生手术中可能发生的关键事件，医生可根据反馈及时优化手术操作。

第六章

看未来：机器视觉产业现状与趋势

进入21世纪以来，机器视觉产业蓬勃发展，在许多应用领域取得了令人瞩目的成果。根据Grand View Research的报告数据[45]，2021年全球机器视觉市场规模为112.2亿美元，预计2022年至2030年将以7.0%的复合年增长率扩大。目前，全球发达国家如美、日、韩等均高度重视机器视觉技术的发展，大力推进本国的机器视觉产业发展，以抢占全球机器视觉技术的产业制高点。

机器视觉相关基础技术研究也被纳入中国《新一代人工智能发展规划》和“十四五”规划重点攻关内容，要求在相关方面实现从基础理论到核心方法与技术的突破。当前，机器视觉已经在工业检测、医学影像和批发零售等行业获得广泛应用。未来，机器视觉会渗透更多行业，并进一步解锁在智慧城市、智能交通、医学影像、智慧物流、工业制造、批发零售等领域的创新应用，市场发展空间巨大，具有广阔的发展前景。

一、国内外机器视觉产业发展趋势

（一）国外机器视觉产业发展的现状及趋势

从全球市场的分布来看，机器视觉产业目前主要集中在欧洲、北美和日本等发达国家和地区，如图6-1所示。来自美、日等发达国家的企业拥有技术、人才和产品上的绝对优势，占据了市场的大头份额。国外高科技企业技术先进、管理模式成熟，具备从核心硬件到系统集成的产业链优势，牢牢占据中高市场，份额和利润水平较为稳定。表6-1展示了全球机器视觉产业的部分龙头企业。其中，美国康耐视（Cognex）和日本基恩士（Keyence）是全球机器视觉行业的两大巨头，几乎垄断了全球机器视觉产业近50%的市场份额。

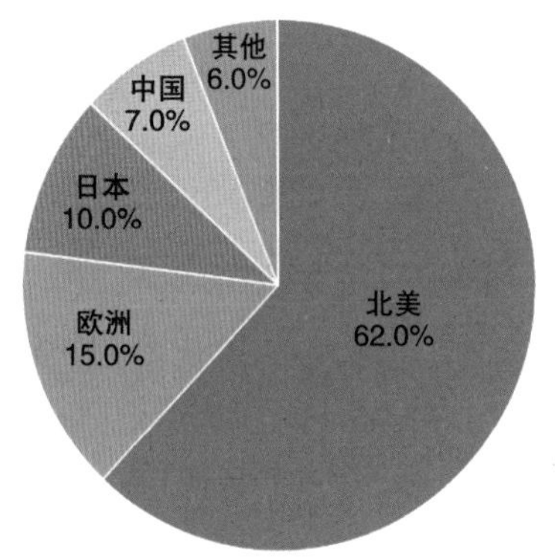

图6-1　2022年全球机器视觉行业市场规模区域分布

图6-1　2022年全球机器视觉行业市场规模区域分布

表6-1 全球机器视觉龙头企业

序号	公司名称	国家	企业介绍
1	康耐视（Cognex）	美国	全球领先的视觉系统、软件、传感器和用于制造自动化的工业条形码阅读器供应商
2	基恩士（Keyence）	日本	主要产品有读码器、机器视觉系统、测量系统、显微镜、传感器
3	巴斯勒（Basler）	德国	致力于为工业生产、医疗、交通等市场提供服务
4	欧姆龙（Omron）	日本	将机器视觉应用于工业自动化等领域
5	谷歌（Google）	美国	将机器视觉应用于边缘计算、自动驾驶等领域
6	微软（Microsoft）	美国	将机器视觉应用于Windows系统中的应用软件
7	英伟达（Nvidia）	美国	全球知名的电脑显卡供应商，专注于机器视觉中的图形处理技术的开发及应用
8	亚马逊（Amazon）	美国	全球知名的电子商务公司，专注于云计算服务
9	特斯拉（Tesla）	美国	将机器视觉技术用于自动驾驶领域，具有基于视频的纯视觉自动驾驶方案
10	维卡达（Verkada）	美国	提供云平台服务，将机器视觉技术用于智能监控等领域，主要产品有安全摄像头等监控设备

凭借高效便捷的功能和精确智能的技术等优势，机器视觉技术在智慧工程、智能安防、智慧医疗等诸多领域中得到了越来越广泛的应用。在智慧工程领域中，为了解决质检质量不稳定、成本高、培训难、留人难、招工难等问题，可结合机器视觉技术与云计算技术，将视觉检测识别算法移植到云计算中心上执行，从而提升视觉算法的处理速度，以满足工业智能化的生产要求。在智能安防领域中，机器视觉的主要应用范围包括智能监控与智能身份识别等方面。机器视觉技术有助于实现对犯罪嫌疑人的监控，能够加大对于犯罪事件的把控力度，从根源上减少犯罪事件的出现。除此之外，机器视觉技术还能够协助查询失踪人口，推动公安机关高效办案等。当前，机器视觉技术也逐渐应用到应急救护、智慧医疗服务、健康养老、公共卫生等领域，可在移动医护、远程重症监护以及远程实时会诊等实际情景中提供助力，在一些特定环境下，能够高效地完成一系列的医疗工作，减轻医生负担。此外，机器视觉还在智慧教育、智慧电网、智慧农业等多个领域中发挥着重要作用，推动社会生产力快速发展。

（二）国内机器视觉发展的现状及趋势

我国机器视觉行业发展迅速，市场规模增长迅猛，行业需求快速提升，越来越多的机器视觉算法逐步实现工业化。

目前国内的机器视觉技术相比欧美发达国家差距较大。从机器视觉行业起步时间来看，国内较国外晚了近十年；从机器视觉技术拥有量来看，国外的技术主要集中在美国和欧洲，日本和韩国也拥有部分先进技术，而国内技术数量在近几年才开始持续走高。虽然我国机器视觉行业起步较晚，但当前正处在快速发展阶段。

在市场结构层面，可以大致将机器视觉产业划分为上游基础层，中游技术层以及下游应用层。具体如图6-2所示，产业链上游为基础层，包括硬件、算法理论和数据等产业基础，为机器视觉产业发展提供支持；产业链中游为算法技术层，大体包括视频对象搜索与追踪、生物特征识别、物体与场景识别、光学字符识别OCR、对比检索等技术；产业链下游则是具体的场景应用，例如智能家居和智慧金融等[46]。在上游，我国工业市场巨大，视觉采集技术广泛应用在各个领域，不断积累的大量数据也在弥补先天的不足，且通过数据不断优化算法，有实现反超的可能；在中游，国内技术日趋完善，有望实现弯道超车；在下游，我国的应用层成果广泛，已形成了全面布局的行业解决方案。

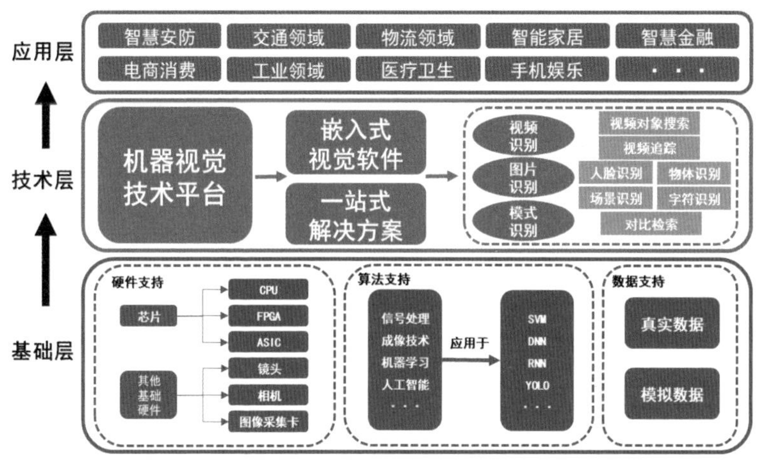

图6-2 机器视觉产业链

我国在奋起追赶的过程中取得了显著成果，一跃成为全球第四大机器视觉市场。如图6-3所示，上海艾瑞市场咨询有限公司的报

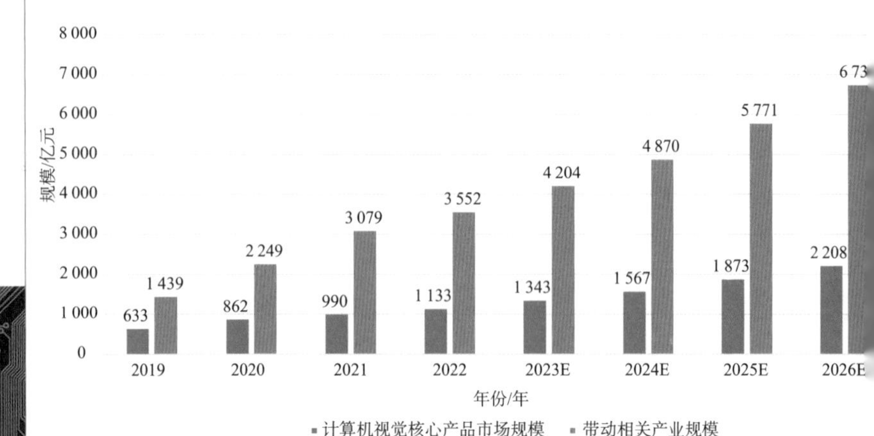

图6-3　2019-2026年中国机器视觉核心产品市场规模预测趋势图

告显示，2022年中国机器视觉核心产品的市场规模达到1 133亿元，已突破千亿元大关。此外计算机通信设备销售、工程建设等相关产业规模也已超过3 000亿元。预计到2026年，中国机器视觉核心产品市场规模将突破2 000亿元，带动相关产业规模将超过6 700亿元。

中国本土的机器视觉企业持续增加，逐渐覆盖全产业链各个环节，国产工业机器视觉产品将逐渐成为智能化改造的首选。如表6-2所示，国内也涌现出一批具有代表性的机器视觉企业。近年来，国家陆续出台了多项政策支持机器视觉行业的孵化，同时，完善的安防体系以及完备的工业产业链积累了海量数据，推动机器视觉系统发展。云计算和5G等技术的成熟使低延迟通信与高负载计算可行，推动了在线医疗、自动驾驶和虚拟现实等领域的快速发展。机器视觉技术已部署于智能手机的面部解锁、微信的刷脸支付、购物软件的拍照识物和翻译软件的拍照翻译等应用中。机器视觉技术广泛融入日常生活已经成为未来趋势，高级别的自动驾驶、沉浸式的虚拟现实游戏等“黑科技”也将逐渐进入用户视野。

表6-2 国内代表性的机器视觉企业

序号	公司名称	企业介绍
1	商汤科技	其机器视觉技术主要应用在智慧商业、智慧城市、智慧生活、智能汽车等领域
2	海康威视	在智能安防、智慧物联等领域耕耘20余年，业务覆盖全球150多个国家和地区
3	旷视科技	软硬一体化的AIoT产品体系，面向消费物联网、城市物联网和供应链物联网的核心场景提供解决方案
4	云从科技	业务涵盖智慧金融、智慧治理、智慧出行、智慧商业等领域，为客户提供个性化、场景化、行业化的智能服务
5	奥普特	国内视觉行业起步最早发展最快的视觉光源品牌，现已形成覆盖机器视觉系统主要部件的产品体系
6	矩子科技	在机器视觉检测领域，该公司是海内外众多知名企业的重要机器视觉设备供应商，拥有自主研发的三维机器视觉检测的一系列产品
7	天准科技	聚焦研发工业软件平台、先进视觉传感器和精密驱控技术，主要应用于消费电子行业和光伏半导体行业
8	美亚光电	其机器视觉应用设备聚焦于农产品检测、医学影像、工业检测三大领域
9	精测电子	机器视觉业务主要包含半导体、显示、新能源三大领域的检测系统及设备研发
10	赛腾股份	利用机器视觉等技术，生产自动化设备，为客户实现智能化生产提供系统解决方案

二、机器视觉技术及应用发展趋势

（一）机器视觉技术发展趋势

1. 以数据为中心的机器视觉

数据和模型是机器视觉技术的基础，以模型为中心的方法通常通过改进模型来优化相应指标。然而，当数据集的数量和质量受限时，模型往往表现不佳。因此，研究者们提出了以数据为中心的方法，强调在固定模型架构的情况下，通过提高数据数量和质量的方式提升机器视觉算法的性能。例如，在工业缺陷检测场景中，数据集规模通常较小，可通过减少数据噪声、去除场景遮挡、提高图像清晰度等方式增强数据质量，从而提升检测精度。在研究婴儿视觉机理过程中，研究者借助可穿戴相机，通过追踪器捕捉眼睛注视区域等方式，收集接近人类日常视野的视频数据，再经过选择、清洗、标注等操作后用于模型训练，从而提升机器视觉模型的性能。以数据为中心的方式避免了对专业度要求较高的模型架构设计操作，为数据质量差或数量稀少的机器视觉应用场景提供了更多的解决方案。

2. 基于通用大模型的机器视觉

随着机器视觉技术的广泛应用，机器视觉产业下游任务不断增加，而现有机器视觉方法通常是针对特定任务进行优化，存在通用性不足、扩展能力差等问题。在特定任务上表现优异的算法难以直接迁移到其他任务上应用，通常需要花费额外的人力和物力进行算法优化。为了避免在不同任务上算法难迁移的问题，研究者们提出训练一个通用视觉大模型以覆盖大部分应用场景，如华为的盘古机器视觉大模型，百度的文心视觉大模型，谷歌的V–MoE（vision mixture of experts，视觉多专家混合系统）视觉大模型等。基于通用大模型的机器视觉方法与其他机器视觉方法的最大区别在于其参数量极其庞大，目前最大的模型参数量甚至超过100亿。基于庞大的参数量和多任务协同训练方式，视觉大模型方法能够同时适用于多种不同视觉任务，并取得远比其他视觉模型更优的效果。

基于通用大模型的机器视觉得益于其优越的性能和在不同任务上的泛化性，已受到业界广泛关注，并被用于自动驾驶、智慧城市、智慧医疗等多个领域。以华为的盘古视觉大模型为例，其包含30亿参数，在超过10亿张图片上进行预训练，能够覆盖100多个不同的应用场景。在智慧物流领域中，盘古视觉大模型可以同时覆盖9种物流场景，监测收货、入库、在库和出库全流程，极大降低了原有开发和维护多个算法模型的人力和物力等成本。

3. 基于边缘计算的机器视觉

随着物联网（internet of thing，IoT）和万物互联（internet of everything，IoE）的兴起，在手机、电脑、摄像头等边缘设备上就近提供计算服务的机器视觉也受到了广泛关注。如图6-4所示，边缘计算技术可将机器视觉系统集成到边缘设备，允许在数据收集源附近实时处理和分析数据。基于边缘计算的机器视觉通常具有实时性、低功耗和隐私保护等优势。

图6-4　基于边缘计算的机器视觉[47]

基于边缘计算的机器视觉能够满足边缘终端设备上快速推理的低延迟要求。在自动驾驶、船舶控制等实际场景中，如果数据分析和控制逻辑全部在云端实现，长距离的数据传输将极大增加系统的响应时间。而在边缘终端中对采集数据进行即时处理和反馈，可满足系统的实时性需求。随着边缘计算技术的发展，机器视觉算法可以固化成高性能ASIC（application specific integrated circuit，专用集成电路）芯片，通过将视觉算法集成到传感器中，使系统快速响应的同时避免由大量数据传输导致的高昂电费开销。此外，基于边缘计算的机器视觉使数据能够在数据源头的边缘设备上进行分析，从而避免数据在公共网络中进行传播，减少被攻击的风险，进而保护用户的数据隐私。

4. 基于自动化标注和训练的机器视觉

机器视觉模型的效果通常取决于训练数据的数量和质量。传统的人工标注训练数据是一项枯燥且复杂的任务，不仅需要使用专业的标注工具并对标注人员进行培训，还需要追踪标注的效率和质量。这些问题使得标注成本大大增加，而且难以杜绝人为标注错误。

为了避免人工标注数据存在的问题，研究者们正在开发新的机器视觉平台，以帮助AI团队实现自动化数据标注和训练一体化的流程，如通过使用合成数据代替真实数据来训练机器视觉模型。在标注过程中使用AI有助于减少标注错误并提高数据标注速度。目前，已有数十家公司利用基于自动化标注和训练的机器视觉技术提高标注工作的质量和效率，减少从数据处理到开展训练所需的准备工作，实现对汽车、药品包装、石油钻井、管道的损坏等异常情况的检测，以及对工作场所的安全监控。

5. 具备可解释性能力的机器视觉

现有机器视觉算法的优越性能已经得到普遍认可，并被广泛应用到智能机器人和自动驾驶等诸多领域。然而，现有机器视觉算法通常缺乏可解释性能力，导致人类难以理解其决策的过程，无法得知机器视觉系统做出决策的依据。而在智能医疗诊断和智慧金融等领域中，将机器视觉系统推理过程透明化，使用户理解机器视觉系统决策的依据是极为重要的。

为了理解和解释机器视觉模型的行为，研究者们正在探索将深度学习与符号AI技术结合的神经符号AI技术。基于深度学习的机器视觉技术通过训练大量数据实现目标，但人类目前难以解释该模型的决策过程。而基于规则的符号AI需要建立知识库，再基于知识库进行逻辑推理，其推理过程是公开透明的，故人类能够很好地解释该模型的决策结果，但如何高效地建立知识库是符号AI所遇到的瓶颈之一。神经符号AI将二者结合在一起，既可以基于训练数据捕捉到内在规律，也可以学习人类建立的知识库，并自动解释推理过程与决策结果，不再需要人工解释，从而提高模型的信任度。

6. 稳健安全的机器视觉

在机器视觉算法的实际部署过程中，模型的输入不仅会受到环境噪声、数据压缩等因素的干扰，还要面对黑客攻击等恶意手段，这要求视觉模型在不同条件下都能做出正确的预测，进而保障系统安全。为此，研究者们提出两种途径来确保模型在复杂环境下的性能。一方面，可以先通过攻击检测和数据提纯等技术对输入数据进行预处理，再将所得的安全数据输入给视觉模型进行决策；另一方面，也可以利用对抗训练等方式提高模型本身的泛化能力，从而使其能够处理受到污染的数据。

此外，随着深度生成技术的发展，伪造的门槛越来越低，伪造数据的逼真度越来越高，一些用户利用相关技术生成恶意虚假音视频以获取不当利益，给国家和社会公共安全带来极大隐患，因此自动鉴伪技术受到广泛关注。目前，基于机器视觉的鉴伪算法已经逐渐成为网络安全保障的重要组成部分。例如，针对危害尤为突出的人脸和语音的伪造问题，机器视觉算法可以利用可见光和近红外等多模态数据实现人脸的活体判别，同时通过视听模态之间的相似性实现语音的鉴伪。

7. 基于多模态的机器视觉

随着互联网以及传感技术的发展，人类开始利用各种传感系统对所关注场景或对象进行多层次、多角度的观测，并产生大量图像、文本、语音等不同模态的数据。随着多模态数据迅速增长，研究者开始关注如何融合不同模态数据，促进机器视觉系统对现实世界的感知和理解。

相比于纯视觉模态的机器视觉技术，基于多模态的机器视觉技术能够提升复杂场景感知和理解的性能。如图6-5所示，在自动驾驶领域，多模态模型可以结合激光雷达、摄像头和地图信息，实时地感知车辆周围的环境并进行决策。这类模型可以帮助汽车在高速公路、市区道路和复杂的交叉路口等不同环境中安全地行驶。在工业场景中，工业机器人可以通过视觉传感器来捕捉物品的形状和位置，并使用触觉传感器来检测物品的大小和重量，融合多种模态的信息可以使得工业机器人更准确地抓取物品，并以更合适的方式处理它们。

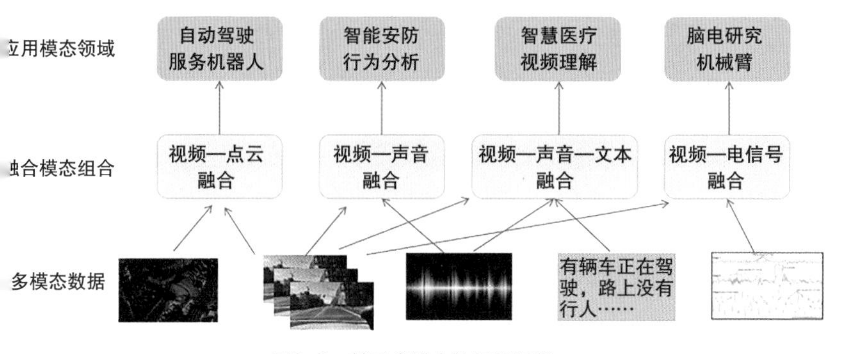

图6-5 基于多模态的机器视觉

8. 三维机器视觉

现实世界以三维形态存在，因而三维视觉是机器理解现实世界最直观的途径。随着计算设备算力的增长，获取并利用三维数据逐渐可行，并推动着机器视觉技术从二维“视界”发展到三维“视界”。三维机器视觉利用点云、深度图等三维格式对物体进行定位和形状描述。该技术解决了传统二维机器视觉在光源复杂环境中难以处理深度及高度信息等问题，为虚拟现实（virtual reality，VR）、增强现实（augmented reality，AR）、动作捕捉、三维建模、室内导航与定位等应用提供强有力的技术支持。

前沿三维视觉技术多聚焦于虚拟现实技术，该技术旨在构建虚拟且可交互的三维世界，打破物理限制，解决跨时空的信息获取、交换与共享的问题。虚拟现实技术目前已逐步应用于工业、教育、医疗、安防等领域。然而，虚拟现实领域在硬件和技术的成熟度上依然存在短板：设备过重或量产困难、部分用户3D眩晕、交互过程中同步及视听效果不理想等。随着高效高逼真三维渲染技术的普及，三维视觉设备（如AR眼镜）的高保真视听部件的完善，虚拟现实技术解决方案将日益完善，推动行业内容生态构建，有望扩展更广阔的市场空间。

（二）机器视觉应用发展趋势

1. 面向健康与安全领域的机器视觉

健康与安全是社会生活与生产的重要基石，而机器视觉技术正在其中发挥着重要的作用。在医疗保健领域，预防传染性疾病的传播也是机器视觉技术的重要用例之一。越来越多的视觉检测设施被部署在公共场所，来监控公众对社交距离要求和文明行为的遵守情况。此外，机器视觉也助力于医学成像与疾病诊断，例如在新型冠状病毒大流行期间，可以通过算法来检测肺部图像损伤等感染证据。在安全保障领域，人们希望能够及时发现危险并发出警报，从而确保公共和工作场所的安全。机器视觉技术可用于检测建筑工地等场所中的不安全行为——没有戴安全帽或安全带的工人、违反安全条例的操作行为等。美国劳工统计局的数据显示，每年至少有270万人因工作事故而受伤，机器视觉技术的介入可以有效减少因疏忽造成的人力资源损失和财务成本。

2. 面向零售业的机器视觉

机器视觉技术的普及也为日常生活中的方方面面带来便利，特别是购物和零售领域。2022年以来，亚马逊开创了无人商店，其装配的机器视觉系统，不仅可以实现商品的检测和识别，还能自动扫描二维码，配合顾客完成取货、付款等操作。越来越多的零售商正在加入这一购物模式，极大地减少了零售业的人力消耗。在仓库管理中，机器视觉技术可用于检查货架和仓库中的库存水平，并在需要时自动订购补货。除此之外，机器视觉在零售业还有许多重要用途，例如顾客行为分析、安全监控等。在时装零售业，机器视觉还带来一个十分有趣的应用——虚拟试衣间，购物者可以在不接触实物的情况下虚拟试穿。机器视觉算法能将衣服的图像叠加在顾客身上并在试衣镜中展示效果，也可识别顾客正在试穿的产品，进而给出合理的穿搭建议。

3. 面向自动驾驶汽车的机器视觉

通过机器视觉系统自动控制车辆状态，实现"方向盘后无人"的自动驾驶技术是未来汽车行业发展的重要趋势，而获取实时道路信息是实现自动驾驶的重要环节之一。在获取道路信息的方案选择上，主要包括以特斯拉和百度等企业为代表的纯视觉方案，和以小马智行和小鹏汽车等为代表的视觉+激光雷达方案，目前两类方案都在特定场景下实现了自动辅助驾驶，并逐渐应用于物流、矿山等场景。自动驾驶系统能将驾驶员从长时间的驾驶中解放出来，智能座舱技术也能够有效提升驾驶与乘坐体验：通过人脸识别技术，实现真正意义上的"无钥匙进入"和"无钥匙启动"；通过图像检测技术实现疲劳驾驶检测，有效减少事故发生；并且还拥有监测安全带佩戴情况以及是否有物品遗留等功能。

4. 面向工业生产的机器视觉

机器视觉技术也被用于工业生产等领域，以降低人力成本，提高生产效率。随着仪器制造和工业生产的精密化和集成化，快速检测生产缺陷、保证生产质量是企业核心竞争力的重要体现。传统的人工检测方案效率低，难以检测微小的缺陷，并且无法长时间持续性工作。基于机器视觉技术的缺陷检测方案在成本、效率、准确性等方面具有显著的优势，已经逐步成为工业缺陷检测的首选方案。目前，机器视觉缺陷检测技术已经在印刷电路板检测、玻璃检测和精密工件检测等领域获得广泛应用。例如，印度的电子制造商已采用机器视觉技术来检测印刷电路板的20多类异常和缺陷。近年来，随着劳动力成本上涨和利润率持续走低，机器视觉检测技术的优势已经越发凸显。

5. 面向农、林、渔业的机器视觉

机器视觉技术也逐渐在农、林、渔业中发挥作用。在农业方面，机器视觉在农作物监测、产量预测等方面有着广泛应用。例如，拉脱维亚的Weedbot公司研发了激光除草技术，可以对不同的植物进行定位，分离杂草和农作物，并通过激光束清除不需要的杂草。以色列的RSIP视觉公司（RSIP Vision）可以利用机器视觉技术对农作物产量进行预测，通过收集卫星图像、水分含量、土壤状况、氮含量、季节性天气和历史产量等大量信息来估计农作物的季节性产量。在林业方面，机器视觉中的卫星遥感技术已被成功应用于林业病虫害监测、林业资源监视与保护、森林生物量估算等领域。在渔业方面，也可以通过卫星遥感完成渔业监测、境外渔业监测、渔业水体水质富营养化监测等工作。

参 考 文 献

［1］ HUBEL D H. Eye，brain，and vision［M］. New York：Scientific American Library，1995.

［2］ ROWEKAMP R J，SHARPEE T O. Cross-orientation suppression in visual area V2［J］. Nature communications，2017，8（1）：1-9.

［3］ F CID，J MORENO. Human and machine vision［M］. San Diego：Academic Press，2015.

［4］ CASTLEMAN K R. Digital image processing［M］. New Jersey：Prentice Hall Press，1996.

［5］ LIVINGSTONE M S，HUBEL D H. Anatomy and physiology of a color system in the primate visual cortex［J］. Journal of Neuroscience，1984，4（1）：309-356.

［6］ LU Y，YIN J，CHEN Z，et al. Revealing detail along the visual hierarchy：neural clustering preserves acuity from V1 to V4［J］. Neuron，2018，98（2）：417-428.

［7］ SHIH-FU CHANG. Frontiers of multimedia research［M］. New York：Association for Computing Machinery and Morgan & Claypool. 2017.

［8］ JOSEPH K J，KHAN S，KHAN F S，et al. Towards open world object detection［C］//Proceedings of the IEEE/CVF Conference on Computer Vision and Pattern Recognition，2021：5830-5840.

［9］ 左超，陈钱. 计算光学成像：何来，何处，何去，何从?［J］. 红外与激光工程，2022，51（2）：20220110.

［10］ GUO Y，CHEN Q，CHEN J，et al. Auto-embedding generative adversarial networks for high resolution image synthesis［J］. IEEE Transactions on Multimedia，2019，21（11）：2726-2737.

［11］ 高文，田永鸿，王坚. 数字视网膜：智慧城市系统演进的关键环节［J］. Inform，2018（48）：1076-1082.

［12］ GAO W，MA S，DUAN L，et al. Digital retina：a way to make the city brain more efficient by visual coding［J］. IEEE Transactions on

Circuits and Systems for Video Technology，2021，31（11）：4147-4161.

［13］LU Z，CAI Y，NIE Y，et al. A practical guide to scanning light-field microscopy with digital adaptive optics［J］. Nature Protocols，2022，17（9）：1953-1979.

［14］AKIYAMA K，ALBERDI A，ALEF W，et al. First M87 event horizon telescope results. Ⅳ. Imaging the central supermassive black hole［J］. The Astrophysical Journal Letters，2019，875（1）：L4（1-52）.

［15］WEVERS M，SMITS T. The visual digital turn: Using neural networks to study historical images［J］. Digital Scholarship in the Humanities，2020，35（1）：194-207.

［16］MARR D. Vision：a computational investigation into the human representation and processing of visual information［M］. Cambridge：MIT press，2010.

［17］张顺，龚怡宏，王进军. 深度卷积神经网络的发展及其在计算机视觉领域的应用［J］. 计算机学报，2019，42（3）：453-482.

［18］陈科圻，朱志亮，邓小明，等. 多尺度目标检测的深度学习研究综述［J］. 软件学报，2021，32（4）：27.

［19］黄凯奇，任伟强，谭铁牛. 图像物体分类与检测算法综述［J］. 计算机学报，2014，37（6）：1225-1240.

［20］BENGIO Y，COURVILLE A，VINCENT P. Representation learning：a review and new perspectives［J］. IEEE transactions on pattern analysis and machine intelligence，2013，35（8）：1798-1828.

［21］杜鹏飞，李小勇，高雅丽. 多模态视觉语言表征学习研究综述［J］. 软件学报，2020，32（2）：327-348.

［22］司念文，张文林，屈丹，等. 卷积神经网络表征可视化研究综述［J］. 自动化学报，2022，48（8）：31.

［23］KONG Y，FU Y. Human action recognition and prediction：a survey［J］. International Journal of Computer Vision. 2022：1366-1401.

［24］谭明奎，许守恺，张书海，等. 深度对抗视觉生成综述［J］. 中国图象图形学报，2021，26（12）：16.

［25］张宗华，刘巍，刘国栋，等. 三维视觉测量技术及应用进展［J］. 中国图象图形学报，2021，26（6）：1483-1502.

［26］ZHANG S. Handbook of 3D machine vision：optical metrology and imaging［M］. Florida：CRC press，2013.
［27］ZHANG S. High-speed 3D shape measurement with structured light methods：a review［J］. Optics & Lasers in Engineering，2018（106）：119-131.
［28］GUO Y，WANG H，HU Q，et al. Deep learning for 3D point clouds：a survey［J］. IEEE transactions on pattern analysis and machine intelligence，2020，43（12）4338-4364.
［29］国家市场监督管理总局，中国国家标准化管理委员会. 汽车驾驶自动化分级：GB/T 40429—2021［EB/OL］.（2021-08-20）［2022-01-12］.http://c.gb688.cn/bzgk/gb/showGb?type=online&hcno=4754CB1B7AD798F288C52D916BFECA34.
［30］冯子明. 飞机数字化装配技术［M］. 北京：航空工业出版社，2015.
［31］尹仕斌，任永杰，刘涛，等. 机器视觉技术在现代汽车制造中的应用综述［J］. 光学学报，2018，38（8）：11-22.
［32］LIU J，SHAHROUDY A，PEREZ M，et al. Ntu rgb+ d 120：a large-scale benchmark for 3D human activity understanding［J］. IEEE transactions on pattern analysis and machine intelligence，2019，42（10）：2684-2701.
［33］ZHANG Z. Microsoft kinect sensor and its effect［J］. IEEE multimedia，2012，19（2）：4-10.
［34］蒋弘毅，王永娟，康锦煜. 目标检测模型及其优化方法综述［J］. 自动化学报，2021，47（6）：1232-1255.
［35］梁路宏，艾海舟，徐光祐，等. 人脸检测研究综述［J］. 计算机学报，2002，25（5）：449-458.
［36］YE Q，DOERMANN D. Text detection and recognition in imagery：a survey［J］. IEEE transactions on pattern analysis and machine intelligence，2014，37（7）：1480-1500.
［37］张宇，温光照，米思娅，等. 基于深度学习的二维人体姿态估计综述［J］. 软件学报，2022，33（11）：4173-4191.
［38］施俊，汪琳琳，王珊珊，等. 深度学习在医学影像中的应用综述［J］. 中国图象图形学报，2020，25（10）：1953-1981.
［39］杨健程，倪冰冰. 医学3D计算机视觉：研究进展和挑战［J］. 中国图象图形学报，2020，25（10）：2002-2012.

[40] 李树涛，李聪好，康旭东. 多源遥感图像融合发展现状与未来展望［J］. 遥感学报，2021，25（1）：148-166.

[41] 赖积保，康旭东，鲁续坤，等. 新一代人工智能驱动的陆地观测卫星遥感应用技术综述［J］. 遥感学报，2022，26（8）：1530-1546.

[42] TAN M，NI G，LIU X，et al. Bidirectional posture-appearance interaction network for driver behavior recognition［J］. IEEE Transactions on Intelligent Transportation Systems，2022，23（8）：13242-13254.

[43] SAVAGE N. Digital assistants aid disease diagnosis［J］. Nature，2019（573）：S98-S99.

[44] LONG E，LIU Z，XIANG Y，et al. Discrimination of the behavioural dynamics of visually impaired infants via deep learning［J］. Nature Biomedical Engineering，2019（3）：860-869.

[45] GRAND VIEW RESEARCH，Inc. Computer Vision Market Size，Share & Trends Analysis Report By Component，By Product Type（Smart Camera-based Computer Vision System，PC-based Computer Vision System），By Application，By Vertical，By Region，And Segment Forecasts，2022-2030［R/OL］.（2022-08-30）［2022-11-11］. https://www.marketresearch.com/Grand-View-Research-v4060/Computer-Vision-Size-Share-Trends-32169071/.

[46] 赛迪顾问，中国电子信息产业发展研究院产业政策研究所（先进制造研究中心）. 中国工业机器视觉产业发展白皮书［EB/OL］.（2021-11-05）［2022-11-11］. https://www.chinavision.org/standarddetail/201532.html.

[47] CHEN J，RAN X. Deep learning with edge computing：a review［J］. Proceedings of the IEEE，2019，107（8）：1655-1674.